初心者でも安心！
イチから飼い方がわかる

はじめてのハリネズミとの[illegible]らし方

日東書院

HELLO!
Chewing Tobacco Tin Tags
Schiffer

はじめに

全身を覆う針、ひくひくとよく動く鼻、短い足、そして、小さくつぶらな瞳。

　この本の主人公であるヨツユビハリネズミは、まさにエキゾチックペットと呼ぶにふさわしいとても魅力的な生き物です。はじめは丸まってばかりかもしれませんが、一緒に生活をしていくと、だんだんと警戒心も和らいで愛嬌のある生態を見せてくれるでしょう。

　近年、大人気のハリネズミですが、ペットとしての歴史はそれほど長くなく、食事や病気などを含めまだまだ情報が少ないのが現状です。

　そのような中で、本書は現在にまでわかっていることを1冊にしました。ハリネズミが健康に長生きできる一助になれば幸いです。

監修　田向健一

HIDE-AND-SEEK HEDGEHOG

かくれんぼ ハリネズミ

ハリネズミたちが楽しそうに遊んでいるところを、ちょっとだけのぞいてみました。
ハリネズミたちがどこにいるか、あなたにはわかりますか？

ハリネズミは
どこ？

ちらっ

ここにいるよ

どーこだ？
ちらっ
森で
おさんぽしてたよ

これなに？

HI!

PEEK-A-...

BOO!

どっちが
ハリネズミ？

こっちでした

いっしょに
あそぶ？

さいごは飼い主さんの
腕の中でリラックス♪

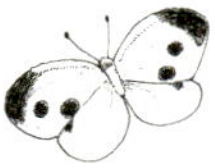

またあそぼうね

はじめての
ハリネズミとの
暮らし方

CONTENTS

CHAPTER 1 ハリネズミってどんな生き物？

CHAPTER 2 お迎えの前に準備したいこと

CHAPTER 3 ハリネズミハウスを準備しよう！

CHAPTER 4
毎日楽しい！ ハリネズミのお世話

tea break

CHAPTER 5
ハリネズミごはん

HEDGEHOG'S COLUMN

CHAPTER

6 知りたい！ハリネズミのキモチ

CHAPTER

7 知っておこう！ハリネズミの病気

HEDGEHOG'S COLUMN

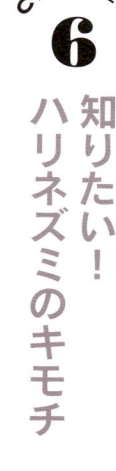

CHAPTER

1

ハリネズミってどんな生き物？

もともと日本にはいないハリネズミ。
体のしくみから、野生での行動まで、知りたいことはたくさん！
ハリネズミのことをよく理解するのが、仲よしへの第一歩です。

ハリネズミはアフリカ出身

日本で飼えるのは ヨツユビハリネズミだけ

ハリネズミは「ハリネズミ目ハリネズミ属ハリネズミ亜科」。近い仲間はネズミではなく、なんとモグラ。見た目はかなり違いますが、虫が主食で夜行性など、似ているところもあります。

現在、世界には約14種類のハリネズミがいます。このうち、日本で飼育することが許されているのは、ヨツユビハリネズミのみ。欧米などでもその姿のかわいらしさからペットとして人気を集めています。この本で紹介するハリネズミはすべてヨツユビハリネズミです。最近では、タイなどの東南アジアでもペットとしての繁殖がすすみ、日本に輸入されてやってくる子もいます。日本国内のハリネズミブリーダーも増えつつあります。

ヨーロッパの童話に 出てくるのは別の種類

グリム童話などで主役のお話があるせいかハリネズミと聞くと、ヨーロッパなどの生き物だと思う方も多いかもしれません。

もちろんヨーロッパにもハリネズミは生息しているのですが、実はこれは「ナミハリネズミ」という別の種類。顔の毛が少し黒いのが特徴です。現在は特定外来生物に指定され、日本で飼うことは禁止されています。

実は、日本にいるハリネズミのルーツはアフリカ。このことを頭の隅に置いておきましょう。つまり、日本の気候には基本的に慣れていない動物です。日本に昔からいるわけでもないので、飼い主さんがしっかりと環境を整えてあげることが大事なのです。

ナミハリネズミ

主にヨーロッパなどに生息。写真はデンマークで売られていたぬいぐるみで、今も現地では愛されている存在。顔が黒っぽいのが特徴。

ヨツユビハリネズミ

日本で飼えるハリネズミはこの1種のみ。ピグミーヘッジホッグとも呼ばれる。

GUIDE OF HEDGEHOG

ハリネズミ図鑑

ヨツユビハリネズミ

{ 英名 } Four-toed hedgehog

{ 学名 } *Atelerix albiventris*

{ 分類 } ハリネズミ目
　ハリネズミ属
　　ハリネズミ亜科
　　　ヨツユビハリネズミ

{ 出身地 } 右のアフリカ地図の濃い緑色の部分が主な生息地。西アフリカ、中央アフリカ、東アフリカと広い地域に生息。低い木の茂みや草原などに生息している。

{ 体長 } 約18 ～ 22㎝

{ 体重 } 約300 ～ 500g

{ 寿命 } 約5 ～ 8年

ハリネズミの謎

さまざまなカラー

まだら模様のパイドもかわいい

ハリネズミのカラーは、アメリカにあるＩＨＡ（国際ハリネズミ協会）によって、なんと92ものカラーが認められています。ここでは、代表的な４つのカラーをご紹介します。

単色だけでなく、左の写真のような「パイド」と呼ばれるまだら模様も。実際にお店へ出かけてお気に入りのカラーを探してみましょう。

ソルト＆ペッパー

salt & pepper

「スタンダード」とも呼ばれる定番カラー。その名前（塩・胡椒）の通り、白と黒のコントラストがかわいらしい。耳や足先も比較的黒っぽい。

WOW

CUDDLY

ホワイト

white

体から針まですべて白いのが特徴。針にバンドと呼ばれる縞模様がほとんど見られず（23ページ参照）、耳や足先も白い。

SWEET

シナモン

cinnamon

針の色が明るめのシナモンブラウンという薄い茶色となっている。そのせいか、全体的にやわらかな印象。

PRETTY

アルビノ

albino

体中の色素がない種類。針や体の毛もすべて色素が抜けたような白で、皮膚のピンク色が見えやすい。赤い目も特徴的。

ハリネズミの謎

体のしくみ

Quill 針

人間のつめと同じケラチンという固いたんぱく質でできている。天敵があらわれると体を丸め、全身の針を鋭く立てて身を守る(22ページ参照)。針がないところには毛が生えており、皮膚や足の裏には汗腺がある。

Tail しっぽ

肛門のすぐそばに小さなしっぽが生えている。長さは2～3cmほど。ふだんはあまり見えることはない。仰向けに丸まったときなどに見えることがある。

Leg 足

ナミハリネズミは前足・後ろ足とも5本の指があるが、日本で飼えるヨツユビハリネズミは後ろ足が4本指のため、この名前がついたといわれる。足の裏すべてを使って歩く蹠行性。

Nail つめ

小さな指先にもしっかりとしたつめがついている。野生下では長距離の移動、でこぼことした道を歩く、獲物をとらえるなどで自然とすり減るが、飼育下では伸び続けてしまうので定期的につめ切りを。つめ切りの方法は55ページ参照のこと。

Eye 目

モグラに近い種類のためか、視力はあまりよくないといわれている。色の区別もなく、ほぼモノクロの世界を見ている。

Ear 耳

目があまり見えないかわりに、耳で周囲の物音を聞き分け、いち早く危険を察知している。

Nose 鼻

体のなかでも嗅覚が抜群に優れている。新しいものがあると鼻先を動かしてにおいをかいで「これは何だ？」と確認するようなしぐさをする。

Mouth 口

横から見ると意外と細長く、正面から見ると笑ったような表情を見せることも。虫を食べるのに適したつくりになっている。

Tooth 歯

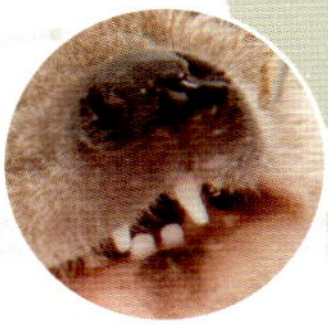

上あごの歯が大きく、前に突き出ている。写真のような鋭い歯を使って虫などを突き刺す。全部で36本の歯が生えている。

ハリネズミの謎

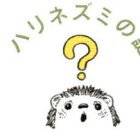

知っておきたい体の構造

虫の消化に適した体のしくみ

ハリネズミの体は、主食である虫を消化吸収するのにふさわしい構造になっています。口の中は肉食の動物に多い「低冠歯《ていかんし》」と呼ばれる歯が並んでいます。さらに、上下の第一切歯を使って虫を突き刺すようにして獲物をとらえ、口内に取り込みます。

こうして体に取り込まれた食事は、胃と大腸を通って消化吸収されます。

飼育下では野生と同じ食事を与えることが難しいため、消化器系の病気にかかることがあります（104ページ参照）。小さな体の中できちんと食べ物が消化されているかどうかのチェックが重要です。食欲の有無や便に異常がないかは常に気をつけて。

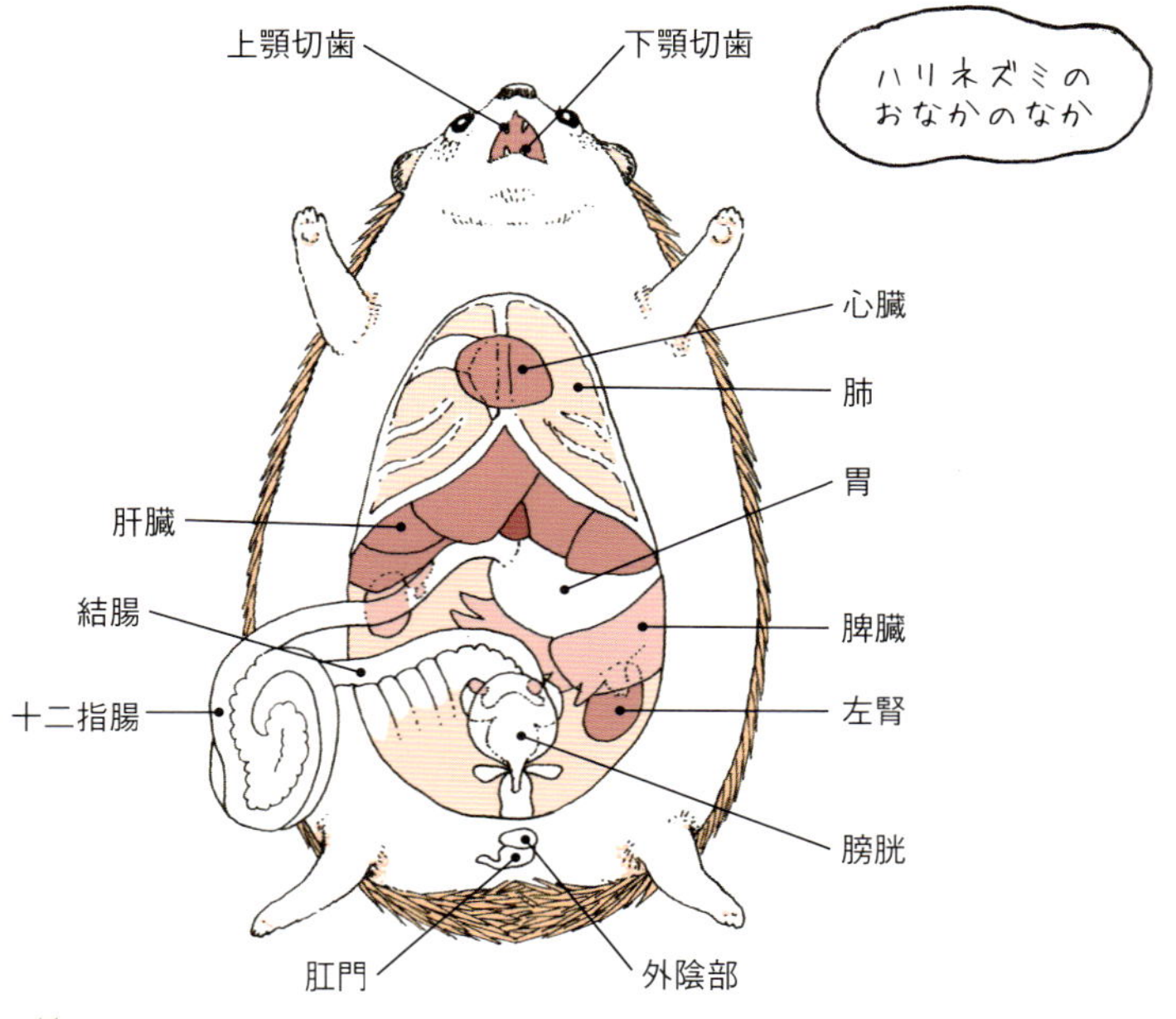

COLUMN

オス・メスの見分け方

オス♂

オスの生殖器はおなかの中央部分に、まるでおへそのようにぴょこんと飛び出ているのが特徴的。肛門はメスと同じ位置にあります。

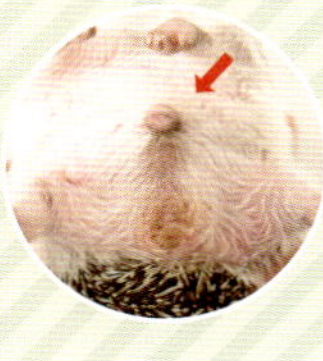

メス♀

メスの生殖器は肛門のすぐ上にあります。また、乳頭はオス・メスともに10個ほど。

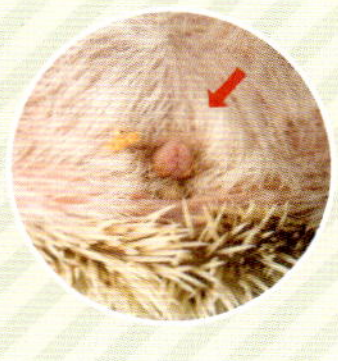

ハリネズミの謎

丸くなるヒミツは伸縮自在な筋肉にアリ

頑丈な針の下はしなやかな筋肉

ハリネズミの特徴といえば、なんといっても丸くなるしぐさ。ふだんは細長いフォルムですが、危険を察知するやいなや、体を丸めて針を立て、おなかや顔などの体のやわらかな部分を天敵から守ろうとします。

瞬時に丸くなれるのは、体を大きく取り囲む「輪筋《りんきん》」というしなやかな筋肉があるため。頭からお尻まで一周するようについた輪筋を縮ませることで、即座に足や顔をもうずめることができるのです。針があるため、最初は筋肉を見つけるのが難しいかもしれませんが、針が寝ているときに輪筋を触ると、比較的しっかりとした厚みがあるのを手で確かめることができます。

ハリネズミが丸くなるまで

1. 正常な状態

※イラストのピンクの部分は輪筋をわかりやすく見せたものです。

ハリネズミの体をぐるりと取り囲むようについた輪筋。

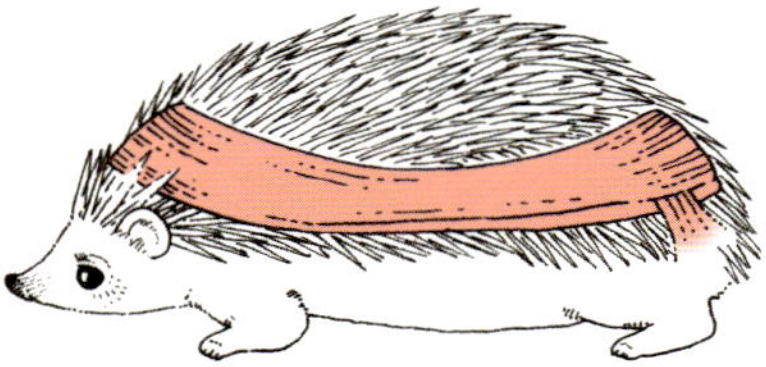

2. 輪筋《りんきん》を収縮させ、頭とお尻を内側に引き込む

危険を察知すると輪筋を縮めます。合わせて、頭やお尻の筋肉も縮め、四肢を体の中にしまい込むように丸くなります。

3. 丸くなった状態

「輪筋」とはいうものの縮めるときに力を必要としないので、ハリネズミは恐怖心や警戒心を抱えている限り、何時間でも丸くなることができます。

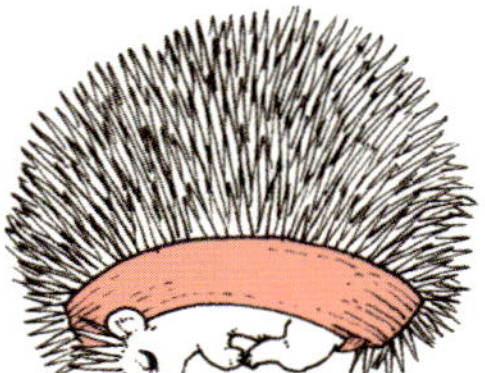

ハリネズミの謎

固い針のヒミツ

体を覆う針はなんと数千本!!

ハリネズミの背中には皮膚が見えないほどびっしりと針が生えています。種類が近いナミハリネズミでも約7000本もの針を背中に背負っているといわれており、ヨツユビハリネズミもそれと同じくらいの本数が生えていると考えられています。

針は成長に合わせて徐々に固く立派になっていきます。1才半ぐらいになるとおとなの針への抜けかわりが始まります。それ以降は定期的に針が抜け、新しい針がかわりに生えるように。

針が抜けるのはふつうのことですが、あまりにもボロボロと抜ける場合は皮膚病の疑いがあるので、獣医師に相談しましょう。

ハリネズミの「キモチ」をあらわす

一見、血の通っていなさそうに見える針ですが、ハリネズミの感情と密接に関係して動くしくみになっています。わたしたち人間が怖いことや不安なことがあったときに眉をひそめて表情をかえるのと同じように、ハリネズミも不安を感じると皮膚を動かします。皮膚にしっかりとついた針は、皮膚が縮むことによってまっすぐに立ちます。針はハリネズミの感情をとてもストレートにあらわすものなのです。

警戒心を抱いていないときのハリネズミの針は横に寝ていて、触っても痛くなく、少し固い髪の毛のようです。リラックスしているときのハリネズミなら、素手で針をなでることもできます。

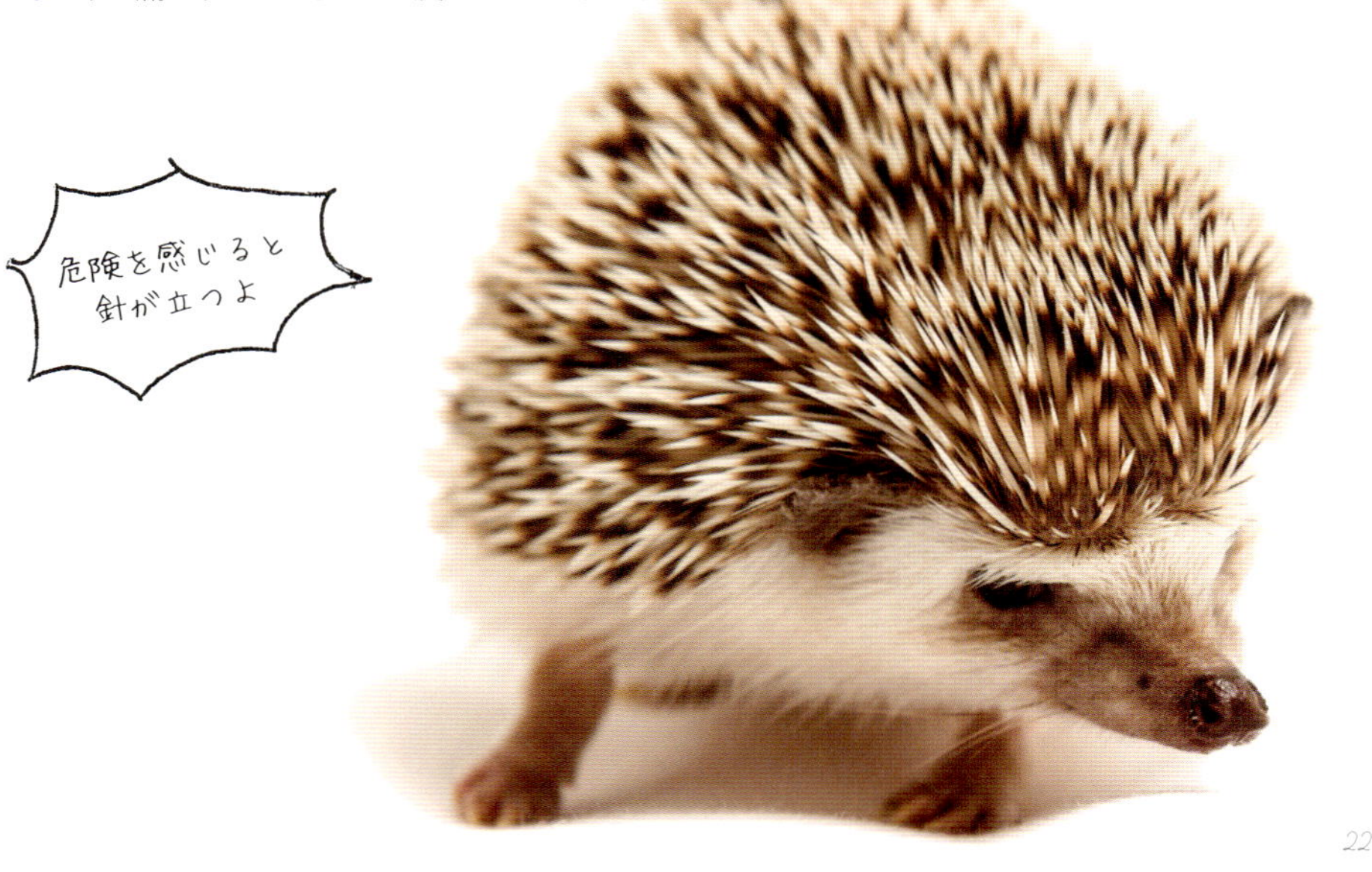

図解 ハリネズミの針の構造

針ってどんな風にできているの？　気になる針のしくみを徹底的に検証していきます！

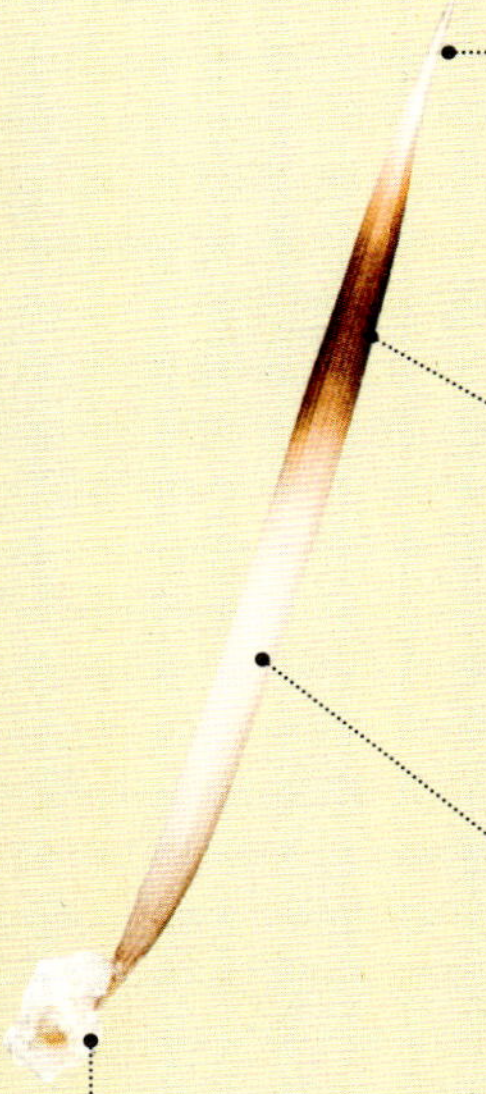

針の先端

本物の針のようにとがっており、その威力にライオンすら後ずさりしてしまうほどという説すらあります。針は鋭いだけでなく、刺した相手の皮膚の中に細菌を注入する役割も。飼育下でハリネズミの針が人間の手に刺さることはごくまれです。

縞模様（バンド）

ソルト&ペッパーなどの白以外のカラーを持つハリネズミの色は（16ページ参照）このような針についた「バンド」と呼ばれる縞模様から構成されています。これらがいくつも重なってハリネズミのカラーを生み出しているのです。

針の中

針の中は軽くて薄いケラチンが何層にも重なっており、軽いのに強度と弾力が非常に高いのが特徴。その軽さのおかげで、数千本の針が背中にあってもハリネズミの負担にはなりません。

皮膚が動くと針も動く

針の下には、毛根の一部の「毛球」がある。この毛球が皮膚にしっかりと付着しているため、皮膚の動きに合わせて針が立つしくみになっています。

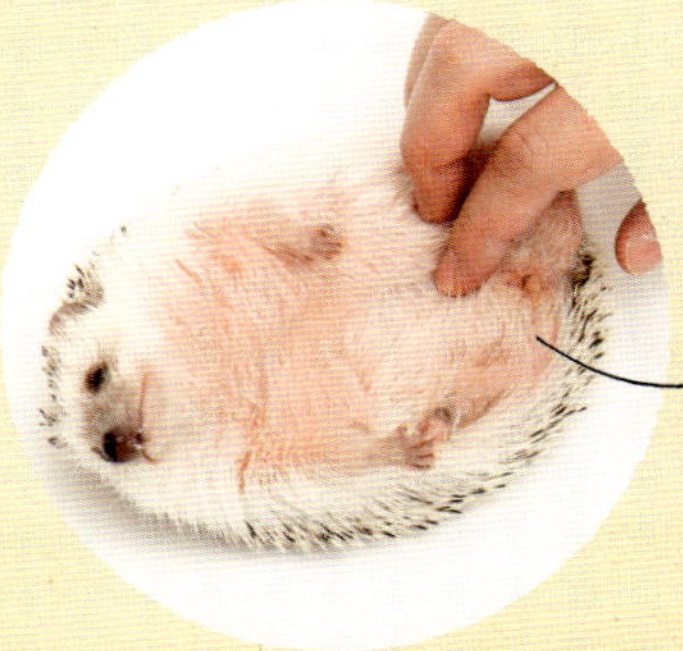

POINT

おなかの毛はやわらかい

背中の針以外には、写真の右のような細い被毛も生えています。被毛にも針と同じような縞模様（バンド）があります。おなかにはうぶ毛のような白くて短い毛が生えているだけで、皮膚のピンク色がはっきりと確認できます。トゲトゲした背中と打ってかわって、おなかはとても無防備な状態。

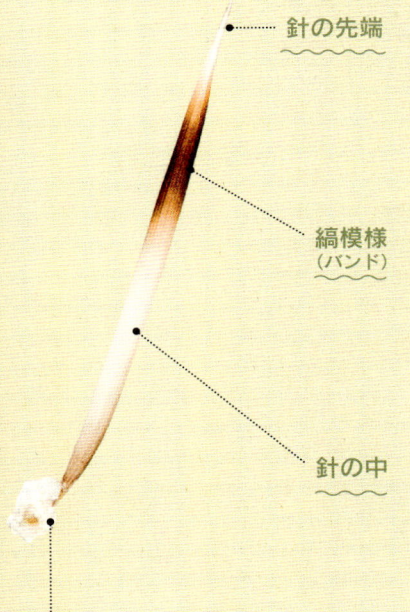

ハリネズミの謎

野生のハリネズミの一日

夜間は食べ物探しに必死！

ハリネズミは夜行性の動物なので、昼間に睡眠をとり、夜に活発に動きます。このため、食事の時間も主に夜。食事といっても、野生下では自分で獲物を見つけなくてはなりません。起きている間の大半は獲物探しに必死です。野生のハリネズミは主に昆虫やミミズ、カタツムリ、小動物の死骸などを食べます。このほかに果物やキノコなどの植物も食べますが、その正確な分量はわかっていません。運動量が多いのでたくさんの食事を必要とし、一晩で体重の3分の1もの食事をとるともいわれています。小さくか弱そうに見えるハリネズミですが、野生では小型のヘビを食べることも！

孤独を愛するひとり暮らし

ハリネズミは基本的に地面の上のみを動きます。ときには、毎秒1.8ｍという速さで走ることもできます。その小さな体で、獲物を求めて約3～5㎞もの距離を移動するといわれています。

基本的にはひとりで暮らすことを好むため、ほかのハリネズミと行動範囲が重ならないように、ひとつの巣から半径300ｍほど離れたところに別の個体が暮らしています。自然と生まれたなわばりにしたがって、野生下ではハリネズミどうしでのあらそいごとはあまり起きないようです。

繁殖シーズンはオスとメスが出会って交尾をします。メスは子育てに専念して、巣穴にこもります。

狭い巣穴でリラックス

日中は巣の中で寝ています。ハリネズミの巣は、岩の間や茂みの根元、枯葉の間や朽ちた木の下などさまざま。原則的に天敵に見つからない場所を選びます。

日中は気温が高くなるアフリカでも、乾燥した場所にある日陰なら快適に過ごせるのです。

飼育下のハリネズミが狭いところにもぐりこむのが好きなのは、こうした習性によるものと考えられます。

COLUMN

飼うときの参考に……

ハリネズミの行動ランキング

ハリネズミが本来はどんな生活をおくってどんな行動をする動物かを知っておけば、飼い主さんも心配にならずに安心です！

1 運動（食べ物を探す）

野生のハリネズミは起きているときのほとんどを食べ物探しに費やします。ですが、飼育下ではその必要がないため運動不足になりがち。回し車などで運動させましょう。

2 食べる

ハリネズミの楽しみのひとつ。健康でおいしいフードを与えましょう（72ページ参照）。

3 繁殖（交尾）

ハリネズミは比較的、飼育下でも繁殖が容易な生き物です。油断するとすぐ妊娠してしまうことも。オス・メス飼うときは十分に気を配って（28ページ参照）。

4 アンティング

背中の針などを毛づくろいするようなアンティングと呼ばれる行為です（88ページ参照）。

OTHER

- 日中は寝る
- 寝ぼけていることもある
- 意外と寝相の悪い子もいる
- のんびりとひとり時間を過ごすことも

ハリネズミの謎

ハリネズミの一生

生まれたての子にはハリがない!?

ハリネズミは体長2.5㎝という小さな体で生まれます。あの鋭い針も、母親の産道を傷つけないために最初は生えていません。生まれたてのハリネズミは目も耳も開いておらず、何の生き物かわからないようなピンク色のかたまりです。ただ、皮膚の下に１００本ほどの針をもっており、1時間ほどすると、皮膚の下から白くやわらかい針が体表にあらわれはじめます。

ハリネズミの母親は、まさに24時間神経をとがらせて、赤ちゃんにつきっきりで熱心な子育てをします。赤ちゃんは生後3週間ぐらいまでは母乳で育ちます。体の基礎となる必要な栄養を吸収し、おとなになるための体力をつけていくのです。

生後1か月ほどでおとなと同じフードを食べられるようになり、徐々にひとり立ちをはじめます。

生後2か月からおとなに

ハリネズミが性成熟するのは生後2か月ごろから。飼い主さん宅にお迎えするハリネズミは、少なくとも2か月以上の子が安心です。小さいほうがかわいらしく見え、なつきやすいとも思いがちですが、ハリネズミの一生を考えれば母乳でしっかりと育った、健康な子であることが一番大事なポイントです。

性成熟したあとは発情期を迎えます（86ページ参照）。すでにおとなの体なので、オスとメスを一緒にさせるとすぐに交尾し、妊娠してしまうことがあります。望まない繁殖を避けるためにも、十分気をつけましょう。

また、成長期であるこの時期に、いろいろなものに慣れさせると飼い主さんとの距離がぐっと縮まるはずです。だっこの練習から、病気になったときのことを想定して投薬の練習をはじめてもよいでしょう。

ハリネズミの寿命は約5～8年。ご長寿ハリネズミをめざして、楽しく健康的な生活をおくりましょう！

GUIDE OF HEDGEHOG

ハリネズミの成長カレンダー

ずっと子どものように見えるハリネズミも、日々成長しているのです。

誕生

生後すぐにやわらかい針が生える

体重は約10～20g。人差し指に乗るほどの小さなサイズ。1回の出産で、約3～4匹の赤ちゃんが生まれます。最初生えていなかった針は、生後2日目で約5㎜の長さに。

生後1週間

筋肉が発達して丸まるように

体も少しずつ形成されてきます。また、体を丸めるのに必要な筋肉も育ってきます。この頃には警戒して体を丸めるしぐさをすることも。

生後2週間

目や耳が開く

ハリネズミは嗅覚に頼る生き物なので、目は生後2週間になってようやく開きはじめます。閉じていた耳が開くのもこの頃。

生後3週間

乳歯が生える

獲物をとるために必要な歯が生えはじめます。生後9週目ぐらいにすべての歯が生えそろい、徐々に永久歯へと生えかわります。

生後1か月

おとなのごはんも食べられるように

まだ乳歯ですが、ふやかしたフードであれば少しずつ食べられるように。

生後2か月～

性成熟！

針も固くなって、りっぱなおとなに。性成熟は性別によって異なります。メスは2～6か月、オスは少し遅く6～8か月で繁殖可能な体になります。ただし、性成熟には個体差があるので、生後2か月をすぎたらオスとメスを一緒に過ごさせないように気をつけましょう。

3～4才

シニア期へ……

3才を過ぎるとハリネズミも少しずつ老いはじめます。ふだんの暮らしに変化がないか、健康管理によりいっそう気を配るように。

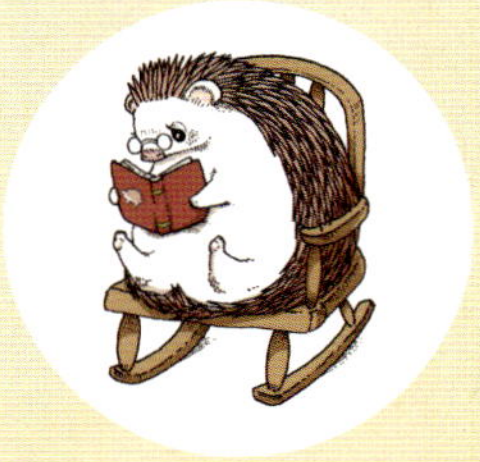

HEDGEHOG'S COLUMN

しっかり考えよう！

繁殖は慎重に

危険とも隣り合わせ

ハリネズミの繁殖は比較的簡単です。オスとメスを一緒に飼っているお宅で、ちょっと目を離したすきにオスがメスのケージに入ってしまい、すぐに妊娠してしまったというケースも‼

とはいえ、個人宅で繁殖をするのはハリネズミ飼育初心者の方にはおすすめできません。死産になることや、母ハリネズミが亡くなることもありえます。飼い主さんが注意して妊娠させないことが大事です。

1匹1ケージが必須！

「家族がほしい」と思い繁殖をさせる前に、きちんとすべてのハリネズミのベビーを育てられるか、もう一度確認してください。

ハリネズミは生後2か月でおとなになります。おとなになったら繁殖可能な体になるので、別々のケージに入れて育てる必要があります。ケージの掃除やお世話もハリネズミの数だけ必要になるのです。

きちんとお世話できるかをよく考えてから繁殖にふみきりましょう。

CHAPTER

2

お迎えの前に準備したいこと

小さなハリネズミといえども、
その命の重さはもちろんわたしたちと何一つかわりません。
大事な家族を迎える前にできる、万全な準備の一例を紹介します。

準備しよう

飼う前に知っておきたい3つのこと

新しい家族を迎えるという覚悟が必要

おとなになっても両手のひらにおさまるサイズのハリネズミ。一見、ペットとして飼うのは簡単そうに思ってしまうかもしれません。

しかし、ハリネズミは本来日本にはいない生き物です。日本で飼う人もまだそれほど多くはありませんし、そもそも犬や猫のようにペットとしての研究がされている動物ではないので、生態には未知の部分もあります。

ハリネズミを家族として迎えるには、どんなことが起きても一生お世話をする、という飼い主さんの覚悟が必要です。少し脅かすような言い方かもしれませんが、命の重さをよく理解してから飼育に踏み切りましょう。

1 「なつく」よりも「慣れる」なマイペースさんが多い

ベタ慣れの子はごくまれ

人によく慣れた子を「ベタ慣れ」と呼びます。触っても針を立てずおとなしく、名前を呼ばれると反応する子もいます。ただし、こうした子はごくまれ。警戒心が強く、丸まったままの子が大半です。お店では慣れていたのに、自宅に迎えてから、あるいは年をとってなど、環境の変化で性格が変わることもあるようです。過度な期待はせずに、マイペースなハリネズミとのつき合いを楽しみましょう。

夜の回し車の音は意外とうるさい

夜行性のハリネズミは夜に活発になります。特に深夜は活動のピーク。回し車で元気に運動します。カラカラという音になれるのに時間がかかる人もいます。ワンルームでハリネズミと暮らす場合は、この点もよく検討しましょう。

2 ペットとしての飼育実績がまだ少ない

日本でハリネズミを飼う人はまだ少数派で発展途上

欧米ではハリネズミを飼うことは少しずつ定着してきたようですが、日本では欧米より少ないのが現状です。さらに、診察に応じてくれる病院はまだ多くありません。ハリネズミを取り巻く環境のことも理解しておきましょう。

人へのアレルギーなど未知の問題も多い

たとえば、ハリネズミが出すだ液にアレルギー反応を起こす人もいます。現在のアレルギー項目にハリネズミという欄はないので、はっきりとしたことは不明ですが猫アレルギーなど動物に対してアレルギーを持っている人は症状が出やすい傾向にあるようです。

え!?
ミールワーム

3 いざというときはミールワームがいるかも!?

ミールワームをまったく食べない子がいるものの弱っているときに与えると復活したケースも

野生のハリネズミの主食は昆虫ですが、飼育下でも必ず昆虫を与えなければならないというわけではありません。最近のフードは改良が進み栄養豊富なものもあるからです。ただし、なかにはやはり本能的にミールワームが特別な大好物になる子もいるようです。そうした子の場合、病気などで弱って食欲がないときに、フードは食べないけれど、大好物のミールワームなら食べるという場合も。食べることで体力がつき、結果として病気を治すきっかけになるのです。いざというときにミールワームを与えられるかどうかも、飼い主さんが考えておきましょう。

準備しよう

ハリネズミに会いに行こう

飼う前に実際に触れてみよう

写真集やインターネットで見るハリネズミの写真や動画はかわいいもの。その姿に魅せられてペットとして飼うことを決めた人も多いはずです。

しかし、飼う前に必ずお店やブリーダーさんのもとで実際に「生きたハリネズミ」と触れ合いましょう。

きっと最初は丸くなって鳴いている「フシュー！　フシュー！」という声にびっくりするはずです。小さな体のどこからこんなに音が!?　と思うほど、ハリネズミは「怒っているよ！　怖いよ！」という気持ちを鳴き声としぐさで一生懸命表現します。

そして、実際に抱き上げてみると、やわらかなおなかや、想像以上に鋭い針にも驚くはずです。最初は革手袋なしではスキンシップできないことも衝撃でしょう。

ハリネズミのまわりでは、飼い主さんにとって未体験のことばかり起きるように感じるはずです。でもその分新鮮な印象があって、会ったらトリコになってしまうかもしれません。ともかく大事なのは、飼う前に必ず触れ合って、ハリネズミがどんな生き物なのかを自分の目で確かめることです。お迎え後にイメージと違った、というおたがいに不幸なことが起きないように、徹底的なリサーチが必須です。

一生涯お世話しよう

お店で実際に触ったときはおとなしかったのに、家に連れて帰ってきたら性格がひょう変した、というケースも少なくありません。そのほとんどが一時的な環境の変化に慣れず、恐怖心や警戒心を抱いたままになっているはずです。しばらくは飼い主さんもそっと見守るのが肝心です。

ただし、発情期などを経たりシニア期になって、攻撃的になったりすることもあります。これはハリネズミに限らず、ほかの動物でも起こりうる一般的なリスクです。

お迎えした子がどんな性格になっても、一生涯お世話することを忘れないでください。

ハリネズミに 会える場所

飼う前に、ハリネズミに会いに行ってみましょう!! お気に入りの子を見つけてくださいね♪

[エキゾチックアニマル専門店／ペットショップ]

ハリネズミに詳しい店員さんがいるか見きわめて

たくさんの動物を扱っているお店だと、一時的なブームに乗ってハリネズミを取り扱っているだけで個別の知識についてはあまり詳しくない店員さんが応対する場合もあります。店員さんがきちんとハリネズミの知識を持っているかを話を聞くなどして確認しましょう。詳しい方がいれば、適切な環境で育てられているので安心です。

CHECKPOINT

□ 質問に快く丁寧に応じてくれるか

□ 飼育用品やお手入れグッズも販売（充実）しているか

□ 購入後の飼育相談も可能か

□ 店内が不潔、もしくは不快なにおいがしないか

□ 小さすぎる子を販売していないか

□ 極端に安く売っていないか

[ブリーダー]

豊富な経験が頼りになる

自家繁殖しているので、飼育経験や知識が豊富です。見学が可能であれば訪れてみるのもよいでしょう。さらに、ショップではお目にかかれないような珍しいカラーなどが手に入りやすいことも。

ATTENTION!

ネット販売は違法です

必ず手渡しで受け取りを

かつてハリネズミのような小動物は、インターネットで取り引きされることもありました。

2013年9月に「動物の愛護及び管理に関する法律（動物愛護法）」が改正され、ネット販売は禁止となりました。

販売者と飼育者が責任をもって引き渡す「対面販売」が基本要綱に織りこまれました。郵送などでの引き渡しはもってのほかです。

インターネットでは情報を得るだけにとどめ、ハリネズミは実際に見る、触れてから購入を判断することが大切です。

また、ハリネズミ科でも「ヨツユビハリネズミ」以外の飼育は禁止されています。密輸などの違法業者を見つけた場合はすぐに通報を。

準備しよう

健康なハリネズミを選ぼう

お店の人に ふだんの様子を聞こう

小さな体のハリネズミ。赤ちゃんの頃から丈夫に育った基礎体力がある子なら、今後の成長もある程度安心して見守ることができます。

そうした情報がない状況で健康なハリネズミを選ぶには、まずはお店の人にふだんの様子を聞くことが大切になってきます。

夜行性のハリネズミなので日中にお店を訪れたとしても、見られるのは寝姿であることがほとんどでしょう。しかし、ただかわいい寝顔だけを見てお迎えするハリネズミを決めるのはＮＧです。ふだん夜はどんな風に動くのか、食欲は旺盛なのか、など質問をしてみましょう。

また、ハリネズミを初めて飼うならどんな子が健康かを見きわめることが大事です。左のページを参考にしてください。時間などの余裕があれば、お迎えするハリネズミを決める前に複数のお店を訪れて、なるべくいろんなハリネズミに会って実際に抱いてみることが肝心です。このときに、お店での飼育環境がよいかどうかも見きわめましょう。

聞いてみよう！

ヒアリングリスト

お店の人に聞くことをあらかじめメモして持参すれば完璧です。以下に挙げたような質問に応じてくれるのは、優良店の証。

□ 食欲旺盛か

食が細いと体力も弱くなり、病気になりやすいのでチェックしたいところ。

□ 便は正常か

下痢や便秘をしていないかを聞きましょう。排せつ物も重要な判断基準です。

□ 今は何才か

生後2か月になる前の子は小さすぎるのでお迎えは控えるのがベター。

ハリネズミの

健康チェックポイント

きちんと様子を観察して、不安な要素がないか確認しましょう！

生命力の強い子を迎えられたらベスト

ハリネズミに限らず、生き物には生まれ持った生命力の強さがあります。同じきょうだいでも、大きく丈夫な体で生まれる子や、その逆の子もいます。たくさんのハリネズミを観察して、飼い主さんが一生面倒を見よう！　と心から思える子をお迎えしましょう。

- □ **目**　目やにがなく、生き生きとしているか
- □ **鼻**　鼻水が出ていないか
- □ **耳**　ひどく汚れていないか
- □ **足**　前足の指は5本、後ろ足の指は4本あるか

- □ **針**　ひどく抜け落ちていないか
- □ **お尻**　肛門や生殖器のまわりが汚れていないか
- □ **しぐさ**　ふらつきがなく、まっすぐ歩けているか

→詳しくは 97 ページ参照

POINT　お迎えの前に確認したいこと＋α

□ ハリネズミの天敵となるペットを飼っていない

犬や猫などのペットは危険。直接触れ合わないからOKというわけでなく、捕食される立場のハリネズミにとってストレスになる可能性が。

□ 赤ちゃんや小さい子どもがいない

警戒心を抱けば手のひらでもすぐに丸くなるハリネズミは小さな子どもが扱うには少し危険。不幸な事故を招かないよう、お迎えは控えて。

知っておこう

外来生物法のこと

ハリネズミの飼育が禁止されないためにも

　繰り返しになりますが、現在、日本で飼育することができる「ハリネズミ」は、この本で紹介した「ヨツユビハリネズミ」のみです。

　実は、ハリネズミ科の別の種類「マンシュウハリネズミ」が1950年代ごろに野生で見つかって問題となりました。

　マンシュウハリネズミは韓国や中国に生息している種類で、ペットとして持ち込まれたものが帰化したといわれています。

　日本で野生化したマンシュウハリネズミは、鳥の卵や昆虫類を食べたり、農作物を荒らし、生態系を乱してしまいました。ヨツユビハリネズミはアフリカ出身だから、日本では生きていけないと思うのは間違いです。どんな動物でも帰化はありえます。しかし、帰化した場合、外来生物法にもとづき「特定外来生物」に指定されてしまい、ペットとしてハリネズミを飼うこと自体が法律で禁止されてしまいます。

　そうならないためにも、飼い主さん一人一人が責任を持って飼うことが大切です。

外来生物法って？

本来は日本にいない海外の動物（外来生物）が日本の生態系を乱したり、農業や人体などへの影響・被害を防ぐために2005年に制定された法律。正しくは「特定外来生物による生態系等に係る被害の防止に関する法律」。

CHAPTER

3

ハリネズミハウスを準備しよう！

アフリカ出身のハリネズミのおうちは、
少し特別な空間にしてあげる必要があります。
しっかりとレイアウトして、きれいなおうちをキープしましょう。

ハウスについて

ハリネズミハウスを用意しよう

危険がつきまとう脱走対策はしっかりと！

ハリネズミを飼おうと決心したら、まずは飼育グッズをそろえましょう。ハリネズミのメインの居住スペースとなるハウスは、フタつきの小動物用プラケースや金網ケージ、深さのある衣装ケースなど、ハリネズミが脱走できないものを用意します。というのも、体がとっても小さいハリネズミは、脱走すると見つけるのが至難の業。

さらに、家具のすき間にはさまりケガをする、電気コードをかじって感電する、階段から落下するなど部屋の中には危険がたくさん。脱走は予期せぬ事故につながります。

ハリネズミをケージから出して遊ばせるときも同様に、事故が起きないよう万全の対策を講じましょう。

静かなトコロに設置して

ハウスを置く場所は、ハリネズミが落ち着いて過ごせる場所が大前提。まず、テレビやステレオのとなりなど、騒がしい場所はＮＧ。通常の生活音レベルなら問題ありません。

出入口や窓付近など、昼夜の気温差が激しい場所も適しません。ハリネズミの部屋は基本的にエアコンでの温度管理が必須ですが、風が直接当たらない場所を選びましょう。

また、ハリネズミは夜行性ですが、一日中暗くする必要はありません。むしろ、一日中明るい、もしくは暗い場所だとホルモンバランスを崩すおそれがあります。直射日光が当たる場所はダメですが、日中は明るく、夜になると暗くなる場所に設置しましょう。

掃除しやすいシンプルなレイアウトに

ハリネズミが1日の大半を過ごすハウス内は快適な空間に整えたいもの。ハウスは、飼育グッズを置いてもハリネズミが余裕をもって歩き回れるくらいのスペースがあるものを用意しましょう。また、ハリネズミの過ごしやすさと同時に考えたいのは、飼い主さんにとっての「扱いやすさ」。毎日掃除をする必要があるので、「掃除が簡単なレイアウト」を心がけましょう。

ハリネズミハウスの
レイアウト例

下記を参考にハリネズミが喜ぶ掃除しやすいハウスをつくりましょう。

床材

底が金網やプラスチックだと足を痛める原因になるので柔らかい材質の広葉樹のウッドチップや牧草などを厚みがでるよう敷きつめます。

回し車

不安定に揺れて倒れたりすることがないようしっかり固定して。

ペットシーツ

回し車で排せつする子が多いので、その下に敷くと掃除が便利です。

給水ボトル or 水飲み皿

給水ボトルは飲みやすい高さに取りつけて。ボトルで水を飲めない子にはお皿で。

フード皿

食べやすいように平たい容器を用意して。また、ひっくり返らないよう軽すぎないものを選ぶことも忘れずに。

寝床

ケージの隅に設置。昼間の生活音からなるべく離れたところに置くのがベスト。

温・湿度計

室内とケージの中では、温度が違うことも。ケージに取りつけるタイプか、なるべくケージの近くに設置を。

ハウスについて

飼育グッズをそろえよう 1

ケージ

小動物用のプラケースや金網ケージが◎。飼育グッズを置いてもスペースに余裕があるものを。ただし大きすぎるケージだと金網のすき間から脱走する可能性があるので注意して。

POINT

- トビラがきちんと閉まる
- 大きさのめやすはW60×D40×H35cm～
- 回し車や寝床が入りきるサイズで

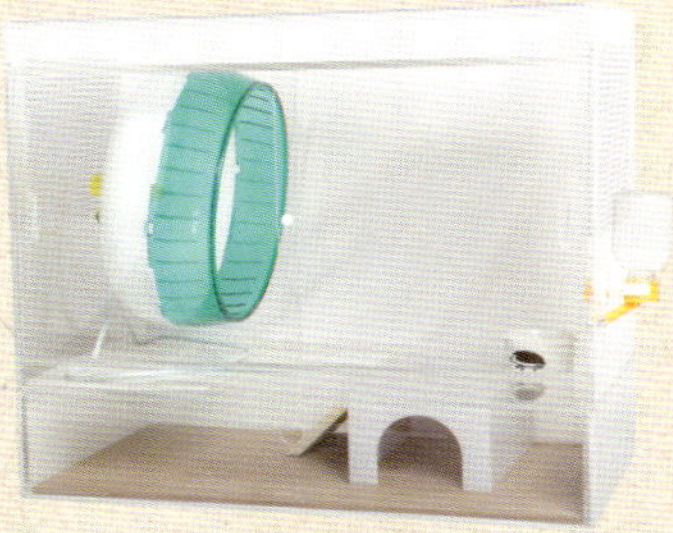

ハリネズミ用ケージ（回し車、給水ボトル、フード皿は別売り）。販売：ピュア☆アニマル（111ページ参照）。

寝床

木製の巣箱が一般的ですが、シェルターや寝袋でも問題ありません。スペースに余裕があるなら、複数用意してあげるのも手です！

POINT

あると便利な寝袋

ハリネズミには枯木の間などで丸まって寝る習性があるので（25ページ参照）、体がすっぽり包まれて保温性の高い寝袋を好む子が多いようです。とくにフリース地の寝袋は、暖かい＋爪が引っかかりにくいので冬はおすすめです。

フード皿＋水飲み容器

傷がつきにくく重さがあるステンレス製や陶器製のものがおすすめ。ボトルタイプで水が飲めない子には皿に水を入れ置いてあげて。

回し車

限られたスペースでは運動不足になりがちなので、回し車は欠かせません。サイズと走行面の形状にこだわって選びましょう。

スチール製

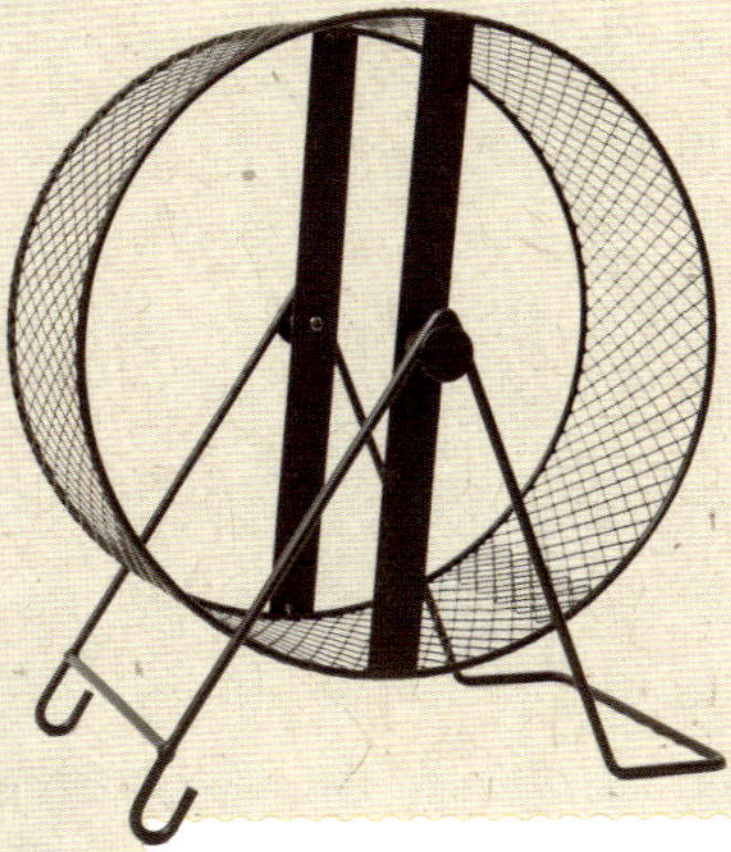

プラスチック製

POINT

- サイズは直径30㎝ほどがベスト。小さすぎても大きすぎても体に負担をかけてしまいます。
- スチール製は走行面が網目状になっているので、足をはさまないように目の細かいものを選んで。

COLUMN

回し車で排せつする子が多い！

回し車で走りながら排せつする子が多くいます。飼い主さんが朝起きると回し車の下がフンだらけのこともよくあります。すぐ下にペットシーツを敷いておけば掃除もかんたん。ただ、このときにペットシーツをかじったり飲み込んでいないかもあわせて必ず確認しましょう。

飼育グッズをそろえよう 2

革手袋

まだハリネズミが人に慣れていない間で、だっこやお世話の際に使うと針も刺さらず安心。

POINT

仲よくなるためには徐々に使用頻度を減らして

革手袋をせず素手のほうが、人のにおいに慣れてハリネズミと早く仲よくなれます。ただ、最初から無理して使用しないのはNG。飼い主さんが怖がりながらさわっていてはハリネズミもおびえてしまいます。

パネルヒーター

冬の寒さ対策に。ハウス下や横、天井に取りつけるもの、ハリネズミが上に乗って温まるものなど、さまざまなタイプがあります。使用するときは、実際に適温になるか事前に確認を。

季節に合わせた
環境づくりは
58ページを
チェック!

冷却ボード

夏の暑さ対策に、大理石やアルミボードなどの冷却グッズを用意して。ハウスの底一面ではなく、一部に敷くというくらいでOKです。

キャリーバッグ

お出かけ・通院での移動時や、ハウスを掃除するときにハリネズミを一時的に入れておく場所としても必要。写真のような小動物用のキャリーバッグがなければ小さめのプラケースでもOK。

その他

つめ切りは小動物用のものがおすすめ。ミールワームを与えるときのためにピンセットもあると便利。歯ブラシはおふろでの洗体用に。

体重計

体が小さいハリネズミを測定するには、グラム単位で量れるデジタルキッチンスケールが便利です。定期的に測定し、体調管理に活用しましょう。

遊び道具

たとえば、トンネルは余裕をもって通れる直径で長すぎないものを。フェレット用のものがおすすめ。

体調を左右する？　床材選び

「うちの子」の体に合ったものを

野生のハリネズミは乾燥した草原で暮らしています。おうちでもその環境を再現してあげたいものですが、土などを入れると雑菌も増えやすく、管理がとても難しくなります。

そのため、一般的にハリネズミの床材はうさぎやハムスターなどの飼育に用いられるウッドチップを使用します。もしくはカットタイプの牧草も使用できます。いずれも天然の素材なので、口にしたとしても安心です。

トイレ（排せつ）の場所を覚えるハリネズミはごくまれなので、床材は汚れた部分を定期的に取り換えるのが基本です。猫砂だと排せつをしたところがはっきりとわかり、清潔に保ちやすくなるのでおすすめです。

また、天然素材の床材で皮膚に炎症を起こす子もいるようです。頻繁に体をかいて赤みが強くなっていたり、フケが出ていたら床材の見直しを獣医師とともに検討しましょう。

どの床材でも、かじりすぎると胃にたまり、体調不良の原因になります。ケージの中で過ごしているときの様子もきちんと観察しましょう。

ベストな床材を選ぼう！

天然素材タイプ

牧草

［特徴］一般的にうさぎやモルモットのフードとして売られている。やわらかいので床材向き。

［ポイント］長めの牧草はハリネズミの足にからまって歩行のさまたげになる。できるだけ短めのものを選んで。

ウッドチップ

［特徴］白樺やポプラなどの広葉樹をおがくず状にしたもの。軽くふわふわとした素材で、歩行の負担にならない。

［ポイント］まれに皮膚炎を起こすこともある。特に松や杉などの針葉樹タイプはより皮膚炎になる可能性が高いといわれている。

猫砂系

おからタイプ

［特徴］おからでできた砂。尿などの液体がかかると固まる。

［ポイント］固まりやすいので、すぐに排せつ物を見つけて取り除きやすく、常に清潔な環境に保ちやすい。

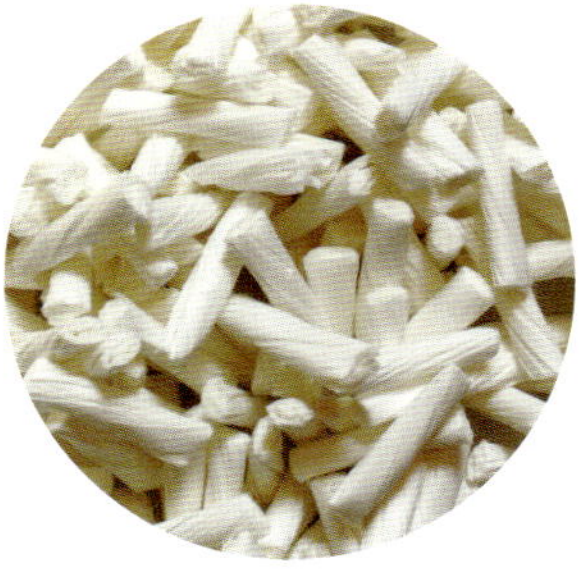

紙タイプ

［特徴］猫のトイレ砂で、紙100％のもの。吸水性にすぐれており、排せつ物もよく吸収する。

［ポイント］ハムスター飼育にも最適。天然素材で皮膚炎を起こしがちな子ならば、かなりおすすめ。

HEDGEHOG'S COLUMN

もしもは必ずやってくる！

災害時に備えよう

フードは常に買いおきを

2011年に発生した東日本大震災以降、ペットの災害対策についても意識が高まってきました。飼い主さんだけでなくハリネズミへの対策も考えておきましょう。

まず一番不安なのは食べ物のこと。いつも与えているフードは緊急時に手に入りにくくなることが予想されます。可能な範囲でストックをしておくと安心です。

また、好き嫌いが激しい子でなければ数種類のフードを食べられるように練習するのも手です。

シミュレーションを徹底！

災害時は当然、飼い主さんが避難しなければいけないこともあります。

近隣の避難所がどこにあるか、また、ペットについての規則は定まっているかを調べておきましょう。

ケージごと持って行ければ安心ですが、ハリネズミのようなエキゾチックアニマルは理解が得られないことも考えられます。小さめのキャリーバッグでハリネズミの仮設住宅をつくり、一緒に持ち込めるかどうかなど、あらかじめ考えておきましょう。

CHAPTER

4

毎日楽しい！
ハリネズミのお世話

ハリネズミをお迎えしたら、
「ふたり」で過ごす時間を大切にしてあげて。
日々のお世話をていねいに行って、
楽しいハリネズミライフをめざしましょう。

ハリネズミと仲よくなろう

キーワードはにおい

　ハリネズミは嗅覚がすぐれた動物。食べ物を探すときは鼻を上下に動かしてにおいをかぎながら、周辺も調べます。知らないものに出会ったときも、相手がどんなものかをにおいで判断するのです。ハリネズミと仲よくなるには、この習性を利用しましょう。

　ハリネズミに飼い主さんのにおいをかがせて、「この人は怖くない。いつもお世話をしてくれる人だ」ということを覚えさせるのです。においに慣れることで警戒心も薄れ、飼い主さんに針を立てることも少なくなるはずです。

　さらに左ページで紹介するように、ごはんなどの「よいこと」とにおいを結びつければより飼い主さんに対して好印象を持つはずです。

「におい」はきっかけづくり

　とはいえ、においは飼い主さんとハリネズミをつなぐきっかけのひとつにすぎません。犬などのように「こんなにたくさんトレーニングしたのだからなつくだろう」と思い込むのはNG。

　においを使ったコミュニケーションですこし仲よくなれたら……くらいの気持ちでかまえましょう。飼い主さんもリラックスして接するのが大事です。

すこしずつにおいでコミュニケーション

においをかがせてハリネズミと仲よくなるための3つの方法をご紹介します。

CASE 1

ごはんの前に飼い主さんのにおいをかがせる

ごはんの前に必ず飼い主さんのにおいをかがせます。方法はいたって簡単。手をハリネズミの前に置き、十分ににおいをかがせた後にごはんを置きます。毎日根気強く繰り返しましょう。飼い主さんの手＝ごはんと思うようになり、飼い主さんに対する恐怖心が薄れてきます。

CASE 2

だっこの前は飼い主さんのにおいをかがせる

ハリネズミを抱くときに急に体を持ち上げると、ストレスになります。ここでも飼い主さんの手のにおいを先にかがせて、ハリネズミに「いつもの人がくるよ」と知らせてあげるのがポイント。身も心も飼い主さんにゆだねてくれるはずです。

CASE 3

ケージに飼い主さんのにおいのついたハンカチなどを入れる

前述のコミュニケーションのとり方に加えてハリネズミに飼い主さんのにおいを間接的にかがせることで、徐々に慣らしていくという方法もあります。また、寝袋を飼い主さんが使用した布などを使って作るのも手。

ATTENTION!

どんなときも無理は禁物

このページで紹介した方法を嫌う子もいます（まったく平気な子もいますが、それがハリネズミの魅力と思ってください）。「すこしずつ」というキーワードを忘れずに、ふたりの距離を縮めましょう。

ハリネズミの正しい持ち方

お迎えしてすぐは革手袋をつけて

どんなにお店でベタ慣れになっていたとしても、飼い主さんの家に来ることはハリネズミにとって大きな環境の変化をもたらします。

双方の安全のために、最初のだっこは必ず革手袋(42ページ参照)をつけましょう。慣れていないと、ハリネズミは手のひらで暴れたり、突然針を立てることもあります。イガグリ状態の針の痛みに耐えきれず、ハリネズミを落としてしまう事故も考えられます。

ただし、ずっと革手袋を使ったままだと前のページで紹介した「においコミュニケーション」をいつまでたってもとることができないので注意。様子を見ながら使用頻度を減らしていきましょう。

STEP.1

ハリネズミの両側からすくうように手を入れる

両手のひらをハリネズミのおなかの下に滑りこませます。水をすくうようなイメージでやさしく行いましょう。

STEP.2

安定するように手で包みこむ

ハリネズミは狭いところが大好き。両手のひらで包むように壁をつくり、全体を覆います。

STEP.3

お尻を支える

足が手のひらに当たると、体を自由に動かせるため暴れる原因になりがち。お尻をしっかりと支えるよう持ちます。

上手なだっこをめざそう

だっこ上手のポイントは
あせらず、ゆっくり。
飼い主さん憧れのラブラブ
コミュニケーション実現まで
がんばりましょう!!

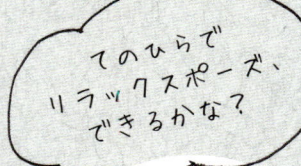

てのひらで
リラックスポーズ、
できるかな？

1日のお世話の流れ

夜行性のパターンに合わせたプログラム

ハリネズミが活発に動く時間帯は夜が中心になります。

たとえば飼い主さんが朝が苦手で夜遅くに帰宅するようなタイプなら、ハリネズミとの共同生活は相性がよさそうです。ハリネズミは昼間は寝ているので、飼い主さんの不在は好都合。ですが、飼い主さんが眠りたい深夜にこそ、ハリネズミの運動は活発化します。回し車の音がうるさいのはいつものこと。大きな物音も健康な証拠ですから、やさしく見守りましょう。

ごはんをあげるなどの基本的なお世話も夜に行いましょう。それにともない、夜に排せつすることが多いようなので、朝にちょっとだけお掃除をするのでもOK。

DAYTIME

朝～昼

熟睡タイム

人間と同じく睡眠は大事なもの。ケージにはあまり近寄らないようにし、できれば大きな物音もあまり立てないように。

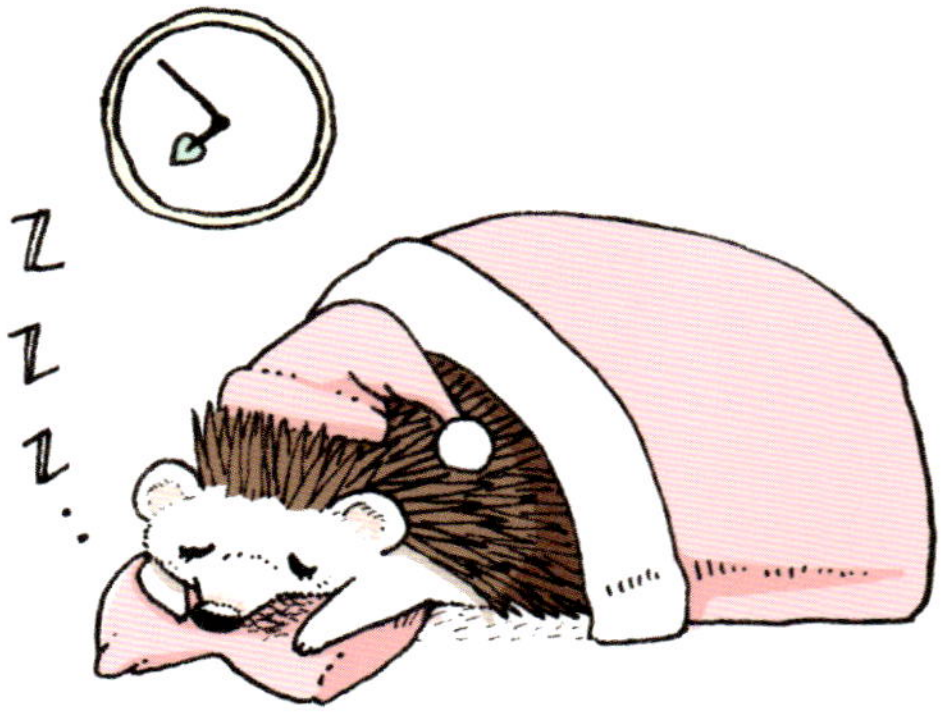

EVENING

夕方

ハリネズミの朝は夕暮れから

のそのそ、と寝床からハリネズミが顔を出し始めます。ケージの中を歩き回り、寝起きの体を徐々に慣らしていきます。

NIGHT

夜

ごはんタイム！

体も完全に目覚め、食事をとり出します。そして、この時間帯は飼い主さんとのコミュニケーションタイムでもあります。きちんとお世話してあげましょう。

飼い主さんは夜のうちにお世話をすませよう！

飼い主さんのライフスタイルによっては夜のお世話が難しいかもしれませんが、できるだけハリネズミに生活リズムを合わせてあげて。

- **ごはんをあげる**
- **ケージ内の掃除**
- **健康チェック**
- **水の交換**
- **食べ残しの片づけ**
- **へやんぽ etc....**

MIDNIGHT

深夜

活発に動き回る

ごはんも食べて満足したハリネズミは、深夜にケージの中で回し車でランニング!!　このときに排せつする子も多くいるので、朝方に軽く掃除しても◎。

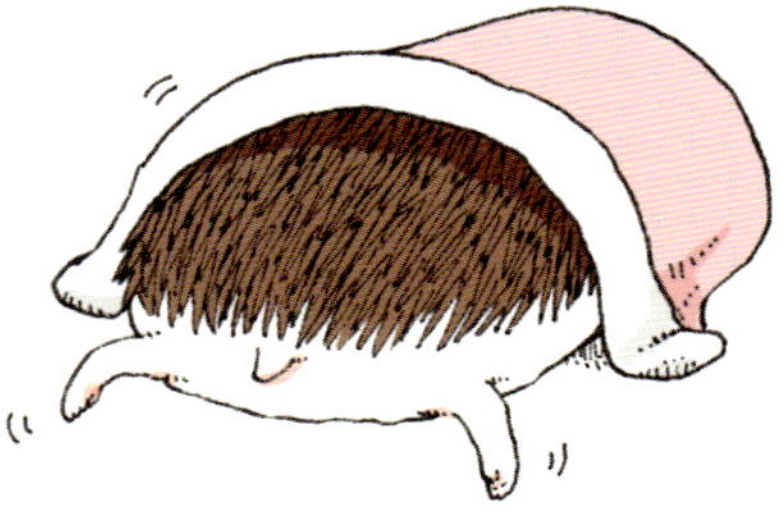

EARLY MORNING

早朝

おやすみなさい……

たくさん運動して疲れたハリネズミの一日が終わろうとしています。また寝床に戻って、うとうとと眠り始めます。

定期的にしたいお世話

ハリネズミに負担のない範囲で

前ページで紹介した毎日のお世話のほかに行いたいのが、体重測定とつめ切り、そしておふろ。

体重測定はできれば週1回のペースで行いましょう。そのほかのお手入れは気づいたときでかまいません。

基本的に、ハリネズミに対して飼い主さんがしてあげられることは限られています。かまいすぎることがかえって負担になることも。お世話できないことは飼い主さんにとって歯がゆいかもしれませんが、そこはこらえて健康チェック(97ページ参照)や体重測定にとどめておきましょう。お世話をした日をカレンダーなどに記して記録に残しておけば、飼い主さんも安心できてお世話しすぎを防止できます。

おとななら
体重300～500gが
健康のめやす

体重測定

自宅で定期的に行って記録をつけよう

体重が毎回減り続けているようだととても危険です。病気の疑いがあるので、すぐに動物病院へ。逆に、太り続けている場合も病気のもととなるので要チェック。メスの場合は妊娠の可能性も。

お迎え後から
体重管理♪

つめ切り

難しい場合は獣医さんに頼んでもよいかも

野生のハリネズミのつめは自然にすり減りますが、飼育下では障害物が少ないのでのびやすくなります。引っかかって危険なので、適宜切りましょう。ただ、とても小さなつめを切るのは難しいので、獣医さんに頼んでも◎。

POINT つめ切りのポイント

❶ 小動物用つめ切りを用意

自宅で切る場合でも、人間のものではなく、小動物用のつめ切りを用意しましょう。はさみタイプなので、ハリネズミが暴れた場合でもすばやく切ることができます。

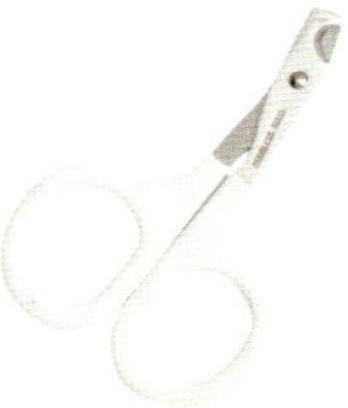

❷ 血管部分は切らないように！

切りすぎると深づめになってしまいます。よく見るとつめの中の血管が透けて見えるので、そこを切らないように慎重に。深づめすると出血し、ハリネズミも痛みを感じます。

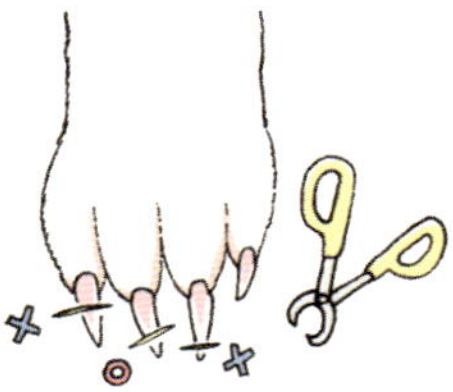

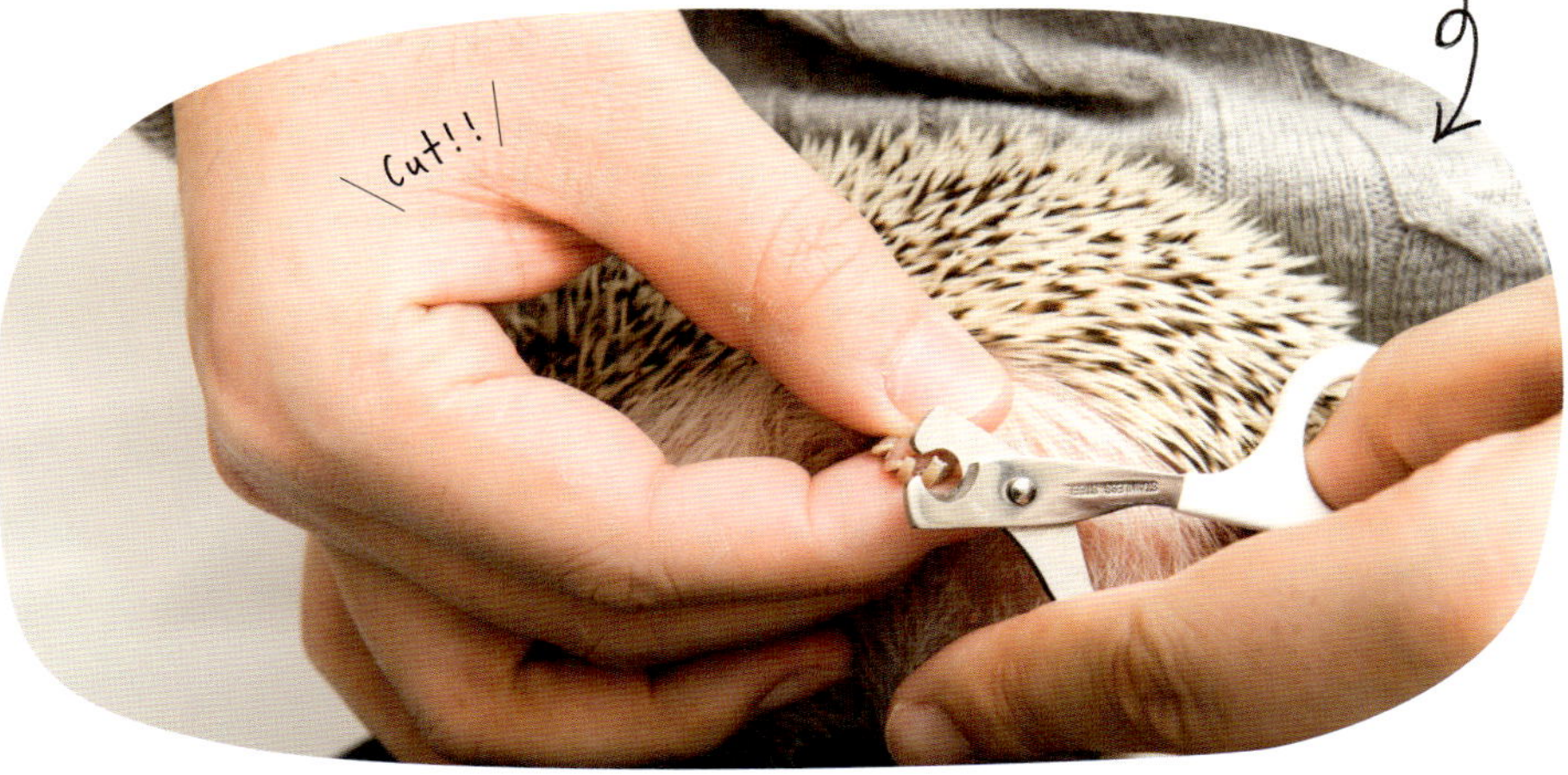

おふろ

体の汚れが気になるときだけ最小限で

基本的におふろは「排せつ物が体についてしまった」というような目立つ汚れがあるときだけの最小限で行いましょう。また、排せつ物が飛び散ったときについた汚れなら気にする必要はありませんが、それが頻繁な下痢によるものであるならば、病気を疑いましょう。

STEP.1

タライなどにぬるま湯をはる

温度のめやすは37～38℃。ハリネズミの足やおなかがお湯につかるぐらいの量をタライや洗面器などにはります。お湯の準備ができたら、両手で抱えて中にそっと入れましょう。

POINT

野生では水浴びをしない

ハリネズミを池のようなおふろに入れる動画などがインターネット上で話題になったときに、非難の声が上がりました。というのも、野生のハリネズミは水浴びをする習性がないといわれているからです。そのため、溺れるリスクが高いので、水には十分気をつけて。

STEP.2

やさしく洗う

汚れが気になるところにぬるま湯を手でかけて、やさしくなでるようにして洗います。シャンプーやせっけんなどは獣医師からの指示がないかぎり使用しないこと。

気になる部分の汚れを洗い落としたら、仕上げにやさしく全体を流して。

汚れがひどいときは歯ブラシでやさしくこする。

STEP.3

タオルドライ

洗い終わったら、体が冷えないうちにすぐタオルで全身を包んで、濡れたままにならないようまんべんなく拭いて乾かします。

POINT

蒸しタオルでも

水を使わなくても、冷ました蒸しタオルで汚れたところをやさしく拭く方法もあります。おなかを触ると丸まってしまう子もいるので、様子を見ながらやさしく拭きましょう。

気をつけたい！季節ごとのお世話ポイント

温度・湿度の管理がキホン

ハリネズミは、もともと1年を通して気温が高いアフリカ大陸出身。そのため寒さに弱い動物ですが、かといって暑さに強いわけではありません。野生下では、暑くなると木蔭などの涼しい場所に移動して生活しています。しかし、ペットとして暮らすハリネズミは、移動するにも限界があり、自分で暑さや寒さから逃れる術がありません。飼い主さんが行う対策がすべてなので、1年を通してハリネズミが健康的に過ごせるよう、温度・湿度管理を徹底しましょう。

とくに気をつけたい季節は、健康上のトラブルが多くなる梅雨から夏にかけてと冬。ハリネズミにベストな温度24～29℃を保てるように、エアコンでの室温管理が必須になります。飼い主さんが留守にしている間もぬかりなく、快適な室温を維持できるように対応しましょう。

また、温度管理に加えて忘れてはいけないのが湿度管理です。湿度が高いと体感温度が上がり、ハリネズミの体力を奪ってしまいます。日本の夏は多湿傾向にあるので、除湿機を使うなどして対策をしましょう。

ハリネズミの
ベスト環境

温度
24 ～ 29℃
湿度
40%

COLUMN

ケージ内の数値に注目！

ハリネズミ目線で温度・湿度をチェックしよう

飼い主さんが室内の温湿度計をチェックして「暑くない、もしくは寒くないから大丈夫」と思うのは大きな間違い。ハリネズミはおなかをほぼ地面につけて生活しているので、冬は人間以上に寒く感じています。また、どんな季節でもケージ内に「逃げられる空間」を設けておくのがベスト。たとえば冬は暖房してさらにケージの上半分に毛布を掛けて。暑い、寒いの判断をハリネズミ自身が行え、選べるような環境をつくりましょう。

四季に合わせたお世話をしよう

それぞれの季節で注意したいポイントを押さえて、ハリネズミが1年を通して快適に過ごせる環境をつくるのが飼い主さんの使命です。

SPRING & FALL 春＆秋

急激な気温の変化に気をつけて

比較的過ごしやすい季節ですが、ときどき朝晩の冷え込みが激しくなることがあります。さらにエアコンの使用頻度が低くなりがちな時期なので、油断せずにこまめな管理を心がけましょう。また、暑さ・寒さの本番を迎えてから、あわててペットヒーターや冷却マットなどの季節対策グッズをそろえはじめることがないよう、この時期から準備を！

POINT

- 急に暑くなったり寒くなったりするので対応できる準備を。
- 食欲が増す時期でもあるので、肥満にならないように注意。

WINTER 冬

保温をしっかりと！

寒い場所に長時間いると低体温症を起こす危険があります。人間の体感やエアコンの設定温度ではなく、ハリネズミのハウスの温度・湿度を把握して調節しましょう。ハウスの内外に設置できるパネルヒーターもあるので、様子を見ながら活用してください。また、冬場は乾燥して適正湿度40％を下回ることもあります。加湿器などを使い、適正を保つようにしましょう。

POINT

- ハリネズミが適切な温度で過ごせるよう、エアコンやペットヒーターなどで対応する。
- ヒーターを使用するときは、ハウス全体が温まりすぎないよう暑いときに逃れられるスペースをつくって。
- 乾燥しすぎもダメなので、加湿器などを使って調節を行う。

SUMMER 夏

湿気と猛暑は大敵!!

もっとも気をつけたいのが熱中症です。対策の基本はエアコンでの室温管理。これにプラスして冷却グッズも用意してあげるとよいでしょう。ハウスに冷却ボードを敷く場合は、全面には敷かずに、寒いときに温まれるような寝床も用意して。また、高温多湿により、食べ物や水、排せつ物が腐りやすい時期です。こまめに交換＆掃除を！

POINT

- エアコンを利用して適切な室温管理を。ハウスはエアコンの送風が直接当たらない場所に置くようにする。
- ハウス内には、涼しすぎたときに逃げ込めるスペースも用意する。
- 湿度が高くなり、いろいろなものが腐りやすいので食事や水はこまめに交換。排せつ物の掃除もしっかり行って。

家を留守にするときは……

ひとりのお留守番は体調を見ながら

旅行などで飼い主さんが家を留守にする機会もあるでしょう。その際のハリネズミのお世話をどうするか、事前に考えておきましょう。

留守番の方法は、主に2つ。ハリネズミひとりでお留守番をさせるか、お世話してくれる人に頼むかです。

温度管理ができる、フードを食べる、健康に問題がないなどの条件が整えば、1泊ならひとりでのお留守番も可能。ただ、停電でエアコンが止まるなど不測の事態が起こることもあるため、できれば避けたい方法です。

もしお世話を人に頼むなら、自宅にペットシッターを呼ぶか、ペットホテルに預けるかになります。それぞれのメリットをよく検討しましょう。

お出かけはキャリーに入れて

外出先でハリネズミが落ち着いて過ごせる環境を用意できるなら、いっしょにお出かけすることもできます。移動時は必ずキャリーに入れ、夏なら保冷剤を、冬ならキャリーの外側にカイロを貼るなど気温対策を忘れずに。

外出から帰ったら、体調に異常がないか確認してゆっくり休めるようそっとしておきましょう。

お留守番には……

ペットシッター・ホテルを利用しよう

ひとりでお留守番させるより、お世話を任せられる人を手配するのが安全！

CASE 1 ペットシッターを頼む場合

飼い主さんが信頼できるシッターを探そう

ペットシッターは、自宅に来てお世話をしてくれるので、ハリネズミが過ごす環境が変化しないのが利点です。ただし、家の鍵を預けることになるので信頼できる人を見極めてお願いしましょう。お留守番の本番前に、自宅で実際にハリネズミに会ってもらい打ち合わせをするのがベスト。ふだんの食事や掃除の仕方などお世話の方法を伝えましょう。

ペットシッターに伝えること

- ☐ フード・水の分量
- ☐ 排せつ物の確認
- ☐ 温・湿度の管理

※できれば写真などを送ってもらって飼い主さんが安心できるような対策をとりましょう。

CASE 2 ペットホテルに預ける場合

小動物専門のペットホテルがベスト

ペットホテルに預けるという方法もありますが、対象動物は犬や猫の場合がほとんど。ハリネズミを預かってもらえるところでも、犬や猫と同室だとハリネズミに大きなストレスをかけてしまいます。できるなら、動物病院や小動物専門のペットホテルを探すのがベストでしょう。預ける場合は、いつものフードやお世話の仕方を書いたメモを持参しましょう。

HEDGEHOG'S COLUMN

知らない一面が見られるかも!?

WEBカメラを使ってみよう

赤外線カメラ搭載型なら深夜の姿も見られる！

ハリネズミ＝夜行性なので、わたしたち人間とは活動時間がすれ違いがちです。

ハリネズミが元気に動くところをゆっくり見てみたいな……と思う飼い主さんも多いはずです。

そんな人にはケージのそばにWEBカメラを設置するのがおすすめ。赤外線機能がついているものを選べば、人間が寝静まった深夜でもハリネズミを光で照らすことなく動画を撮ることができます。

スマートフォンと連動でお出かけ時も安心

撮影した動画や写真は記録することができるものもあります。夜に撮って、昼に飼い主さんがながめることも可能です。

また、飼い主さんが昼に外出しているときに「うちの子、今ちゃんと寝ているかな……」とふと気になったときにWEBカメラを見られることも。スマートフォンから遠隔操作できる種類のものを選べば、ひとり暮らしの飼い主さんでもいつでもハリネズミのことを見守れますね。

tea break

ハリネズミとの すてきな暮らしを のぞいてみました

実際にハリネズミを飼っている方のお宅に行ってきました。幸せそうなハリネズミと飼い主さんの姿に癒されること間違いありません。飼う前の参考にしてみてください。

CASE 1

アレルギーを乗り越えて元気に暮らしています

anz さん＆ハリノジョー

ふたりでいっしょに病気と闘っています

ハリノジョーさんは撮影中もよく動くアクティブな女の子。実は、床材で皮膚にアレルギーが発症してから病気と闘い続けています。一時期は針が40本抜けるほどひどい症状だったとか。ａｎｚさんの懸命な看病と通院で、今では見た目にはほとんどわからなくなりました。発症したときはハリネズミを飼っている人が少なかったため、自力でいろいろなことを調べたそう。少しでも症状がよくなるようにケージは毎日熱湯消毒し、床材を数種類替えるなどの試行錯誤を繰り返してきました。そのかいあって、今ではすっかり元気なハリノジョーさん。

いっしょに病気と向き合ったふたりはとても仲よしです。ａｎｚさんの腕の中で気持ちよさそうになでてもらう幸せな姿が印象的でした。

PROFILE

HARINOJOE

ハリノジョー

2才、♀。
すらりとした手足がとてもかわいい、美ハリさん。

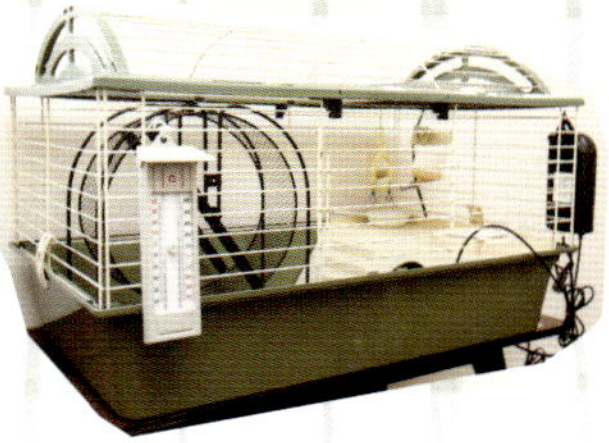

イタリア ferplast 社製のおしゃれなうさぎ用ケージに住んでいます。深夜は大好きな回し車に夢中だそう。

よくなったよ

皮膚をめくると少しだけ赤みが残っていますが、かなりよくなりました！

治療は今も続けています！

獣医さんの指示通り、今も薬用シャンプーを使っています。定期的な薬浴のおかげで症状も改善中。

飼い主さん PROFILE

anzさん

ぬいぐるみやアクセサリーなどを制作するユニット“odeco”のメンバー。ハリネズミの飼育について、日々勉強中だそうです。

CASE 2

イラストモデルをこなす2匹のハリネズミたち

いわさきゆうしさん＆うに＆もい

飼っているからこそのかわいいイラストが大人気

この本でたくさんのかわいいハリネズミの挿絵を描いてくれたイラストレーターのいわさきさん。実際に2匹の子たちと暮らしています。もともと動物好きないわさきさんご夫婦。ある日、奥様から「ハリネズミも飼えるみたい」と聞いて、すぐに検索。そしてその日中にペットショップに見学に行き、運命の出会いを迎えたそうです。

いつもハリネズミといっしょにいるからこそ、作品には飼主さんならではのしぐさやかわいさが細かに描かれます。モデルを務める2匹の作品はいつも大人気。

「ハリネズミはなつかないことがほとんど。すぐ怒りますしね(笑)。でも、そういうところがかわいい。たまにごきげんだと近寄ってくるところも、うれしいですね」

と、いわさきさん。ハリネズミ愛を静かに語ってくれました。

PROFILE

UNI うに

3才、♀。丸まるとウニのような姿から名前がつきました。チャームポイントはちらっと見える２本の歯。

MOI もい

２才、♀。フィンランド語で「こんにちは」という意味。うにさんよりおとなしい性格。

二階建てハウスで暮らします

ケージは別々に棚に置いてマンション風。夜はカーテンをかけて、回し車の防音対策も万全です。冬は防寒用としても◎。

快適なレイアウト！

写真はもいさんのハウス。床材はおから砂、スチール製の回し車をチョイス。もいさんはうにさんと違って給水ボトルが使えないので陶器製の水飲み皿を愛用中。

なかよし！

リアルでかわいい作品は飼い主さんからも大人気！

いわさきさんが描く、リアルでキュートなハリネズミは、飼い主さんたちの間でも大人気！　雑貨販売サイト minne では、2013 年に人気作品賞を受賞しました。

飼い主さん PROFILE

いわさきゆうしさん

イラストレーター。ハリネズミをはじめ、うさぎからフクロウまでさまざまな動物のイラストを手がける。自宅にはハリネズミのほか、４匹のハムスターも。

HEDGEHOG'S COLUMN

大切なパートナーとの思い出を残そう♪

ハリネズミノートのすすめ

お迎えしたときから成長記録をつけて

ハリネズミの適正体重は、生後2か月のおとななら300〜500ｇ。もともとの体が小さいため、ちょっとした増減でも命の危険につながりかねません。やせ始めていたらすぐに病院へ。また、ペットになったハリネズミは野生のときよりも運動量が少ないので太りやすい傾向にあります。オスを飼っていてメスが太り始めたら妊娠も考えられます。

病気になったときの判断材料にもなる

日々の記録をつけておけば、何かの病気になったときに、獣医師の判断材料になります。また、成長記録には体重などの数字だけでなく、行動やしぐさなども記録しましょう。病気が行動に表れることもあるので、これもよい判断材料になります。

そして、最大のメリットは、飼い主さんとの思い出がきちんと残ること。「ふたり」の思い出をつけましょう。

ハリネズミノート

最近のできごと

日付

体重

体長

CHAPTER

5

ハリネズミごはん

ハリネズミは肉食に近い雑食性。
とはいえ、食べてはいけないものもたくさんあります。
毎日ハリネズミにフードを与えるのは、飼い主さんの大きな役割。
しっかりと正しい知識を身につけましょう。

多くの飼い主さんのお悩み解決！

ハリネズミごはんQ＆A

ハリネズミに与えるごはんは何が最適？　ごはんの基礎知識をつけましょう。

Q 野生のハリネズミって何を食べているの？

A 主に昆虫。植物も食べている！

野生のハリネズミは雑食性。基本的には甲虫やチョウの幼虫、ミミズ、カタツムリなどの小さな虫をメインに食べているといわれています。ときには小動物の死骸などを食べることもあるとか。虫は栄養価が高く、たんぱく質や脂質などの主要成分だけでなく、食物繊維も得ることができます。このほかに果物や植物の種、キノコ類も食べています。発達した嗅覚で食物を探し、すぐれた聴覚を使って獲物の場所をつきとめているようです。

豆知識

海外では害虫対策としてハリネズミガーデンがある!?

14ページで紹介したヨーロッパに生息する「ナミハリネズミ」は、庭の害虫対策として重宝されています。きれいに咲いた花や新芽を好んで食べるナメクジはガーデナーの天敵といわれています。そこで登場するのがハリネズミ。ナメクジを好んで食べるので、薬品を使わずにきれいな庭が保てる、というわけです。食物連鎖を上手に利用したガーデニングの一例です。ただしこれはヨーロッパのお話。日本では外で飼うことは禁止されています。

Q ハリネズミに必要な栄養素って??

A はっきりとはわかっていません。市販のハリネズミフードを主食に与えて

ハリネズミの栄養素のめやす

ハリネズミが必要とする栄養素のめやす

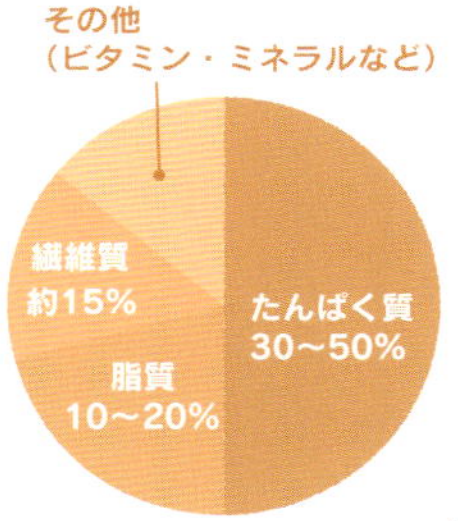

ハリネズミが野生下でどのぐらいの量の昆虫や植物を食べているかははっきりとわかっていません。この本で紹介しているアフリカ出身の「ヨツユビハリネズミ」と近いヨーロッパの「ナミハリネズミ」で研究されたおおよその必要な栄養素が右のグラフ。市販のハリネズミフードは、こうした栄養素のデータをもとに必要な栄養素をバランスよく摂取できるよう作られています。市販品をきちんと食べられるなら栄養学的には問題ありません。

Q ハリネズミフードを食べてくれません……

A 低脂質のキャットフードを与えてみては？獣医師にも相談を

なかには市販品を食べない、ある日突然食べなくなったという声も聞きます。動物の中でも猫はたんぱく質の摂取量が多いので、低脂質タイプのキャットフードを与えるのも一案。繊維質がやや不足になるので、副食やおやつなどで補えると理想的です。また、キャットフードのほうが味つけがよいのか、好んで食べる子もいるよう。夏バテなどで食が細くなったときに与えるのもおすすめですが、病気の疑いもあるので獣医師に相談を。

次のページからごはんについてチェック！

ハリネズミフードを知ろう

国産・海外産ともに種類は豊富

日本での飼育実績がまだ浅いハリネズミですが、海外のフードも手に入りやすくなり、種類も増えてきています。

どのフードを与えればよいかは、たくさんの飼い主さんが悩むところかと思います。基本的には、お迎えしたハリネズミがそれまでに食べていたものを継続して与えましょう。ですが、成長の過程でこれまで食べていたフードを食べなくなることもあるので、そのときに新しいものを与えてみましょう。

新しいフードに切り替える場合は、いっぺんにかえるのはNG。今までのものに新しいものを少しずつ混ぜいれて、徐々にならします。一気にかえると食事そのものをとらなくなることがあるので気をつけて。

偏食傾向が強いのでおやつはほどほどに

ハリネズミに限らず、小動物は一度食べて気に入ったものがあると、それ以外は食べなくなる傾向があります。しかし、「これしか食べないから……」といっておやつ（76ページ参照）ばかり与えてはいけません。根気強く、主食となるハリネズミ専用フードを与えましょう。好き嫌いが激しいグルメな子もいれば、逆におやつはまったく食べないという子もいるようです。

ハリネズミはその名前や見た目からまだネズミの仲間と思う人も少なくありません。ハリネズミはモグラに近い仲間で、その生態も独自のもの。野生ではどんなものを食べているか、想像力をふくらませながら、フードを選びましょう。

種類豊富!!

ハリネズミフードいろいろ

ペットショップやインターネットで入手できるフードの一例をご紹介します。

国産

ハリネズミを飼う人が増えてきたことに合わせて、日本でもハリネズミフードを生産するメーカーが増えてきました。日本語表記のものが大半なので、原材料などを確認しやすいのがメリット。

海外産

欧米のほうがハリネズミを飼う人が多いためか、フードのバリエーションも日本のそれより多くなっています。特に一番右のEXOTIC NUTRITION社の商品はなんと乾燥した虫入りの驚きのフード!

〈国産〉
三晃商会

ハリネズミ
専用フード

BRISKEY DIET

HEDGEHOG
FEED

EXOTIC NUTRITION

HEDGEHOG
COMPLETE

〈国産〉
ピュアアニマル

INSECTIVORE
DIET

Pretty Pets

Hedgehog
Food

いろいろあるね

COLUMN

年齢や健康状態に応じてフードをふやかして与えるのがおすすめ

ほとんどのハリネズミ用フードはペレット(円筒)状。子どもやシニアには固すぎるのでお湯などでふやかしてから与えましょう。ただし、健康なおとなのハリネズミにふやかしたものを与え続けると歯が弱ってしまうことがあるので十分に気をつけて。

※商品はすべて2015年6月時点の情報です。

ごはんについて

知っておこう！ミールワームのこと

基本はハリネズミフードで

ここまで、野生のハリネズミの主食は虫と説明してきました。これだと「家でも必ず虫（ミールワーム）をあげないといけない！」と思い込む飼い主さんもいるかもしれません。

しかし、栄養面だけを見れば、ハリネズミ用のフードをきちんと食べているのであれば問題ありません。つまり、ミールワームが苦手な飼い主さんは、無理をして与える必要はないということです。

また、すべてのハリネズミがミールワームを好むわけではなく、せっかく買ってきたのにまったく興味を示さなかった……という声も聞きます。ハリネズミの食嗜好は人間と同じく個体それぞれのようです。

本能的にミールワームを喜ぶ子も

ハリネズミにミールワームを与えるメリットは3つ。ひとつは、ハリネズミが本来持つ本能を呼び覚ますというエンリッチメントの視点から（75ページ参照）。ふたつめは、ミールワームがその子の好物であるなら、食欲のきっかけになるということ。もう食事がとれないほど弱ったハリネズミにミールワームをあげたら、奇跡的に食欲が復活したというケースがあります。最後に、ミールワームの繊維質が歯垢除去に最適ということ。歯みがきのような役割になり、歯周病予防になります。ただし、いくらミールワームが好きだからといって、それのみを与えるのは栄養的に好ましくありません。バランスのよい食事を心がけて。

知っておこう！ ミールワームの種類

エキゾチックアニマルや爬虫類のペットショップで購入することができます。

缶詰タイプ

生きた虫ではないので一番与えやすいタイプ

缶詰に入ったミールワームとコオロギ。生きたミールワームを高熱スチームで締め、殺菌したもの。生きた虫は苦手だけど、なるべく鮮度の高いものを与えたいという飼い主さんにぴったり。

生き餌タイプ

繁殖できるので毎日食べたい子向け

動いているものでないと反応しない子向け。ペットショップなどで購入した後、自宅で環境を整えればこれ自体を繁殖させることができます。その方法はお店の人に確認しましょう。ただし、増えやすいのできちんとした管理が必要です。

COLUMN

エンリッチメントって？

動物本来の喜びや幸せを呼び覚ますもの

野生に近い環境で動物を飼育して動物本来の幸せに近づけることをさし、動物園でも積極的に行われている試みです。たとえば、本来は虫を食べるハリネズミに置き換えてみるとミールワームを与えることが喜びにつながる、という考えの基礎となっています。

ごはんについて

食べてもよい食品・ダメな食品

雑食といえども危険な食べ物はたくさん

ハリネズミが食べると中毒を起こし、最悪の場合、死に至る食品はたくさんあります。何が危険で、どの食品なら食べさせてもよいのかを把握しておきましょう。

　また、食品自体に問題はなくても衛生面や食べさせ方によって危険を及ぼすものもあります。たとえばカビが生えていたり、傷んでいるものは病原菌が繁殖している危険が高いので与えてはいけません。加えて、ハリネズミが食べるものは、傷みやすいものが多いため注意が必要です。

　また、ピーナッツなど固すぎるもの、口蓋《こうがい》にはさまるサイズの食品は歯に負担をかけ、ときに喉に詰まらせることがあるので与えてはいけません。

虫は野生のものは避けて

ハリネズミの副食のひとつであるミミズや虫。好んで食べる子がいますが、あげるときは小動物用として販売されているミールワームなどにしましょう。野生に生息するミミズやバッタを飼い主さんが採集して与えるのは絶対にNG。化学肥料や除草剤、農薬などがついている場合や、病原菌を持っている可能性があります。

ふだんのフードで
満足しているなら
あげなくてもOK！

OK

おやつとして与えてもよい食品

おやつはコミュニケーションツールのひとつ。ハリネズミの大好物を、特別なときにだけ与えるのがおすすめ！

りんご

食べやすい大きさに刻んであげましょう。りんごに限らず果物は糖分が多いので、与えすぎは肥満のもと。最小限にしてください。

ゆでたまご

動物性たんぱく質を得るのに適した食材。食べやすい大きさに切り、よく冷ましてからあげてください。消化しやすく、食べやすいゆでたものを。

カッテージチーズ

チーズのなかでも、高たんぱくで脂肪分の少ない品種。低カロリーで塩分も控えめ。食感もぽろぽろとしているので食べやすい。

おもなNG食品リスト

下にあげた食品のほかにも危険な食べ物は数多くあります。迷ったときは与えないように！

かんきつ類

かんきつ類は与えすぎると下痢を起こすおそれがあるので、初めから与えないのがベターでしょう。

ライム

オレンジ

レモン

グレープフルーツ

アボカド

アボカドに含まれるペルシンという成分で中毒を起こします。乳腺炎や無乳症を起こす危険も。

玉ねぎ

玉ねぎや長ねぎ、ニラには赤血球を破壊する成分が含まれていて、貧血、下痢、腎障害の原因になります。

ナッツ類

とくにピーナッツを口蓋に詰まらせる事故が多発しています。ハリネズミには決して与えないように。

レーズン・ドライフルーツ類

糖分が高すぎるうえに、ナッツ類と同じく喉につまらせて窒息死を引き起こすことがあります。

HEDGEHOG'S COLUMN

意外な一面を見ればさらに好きになるかも!?

ユニークなハリネズミたち

見逃せない!? おもしろい寝姿

針を立てて丸くなるしぐさから、ハリネズミはとても臆病な生き物だと思われがち。

でも、気を許しているときは、「こんなポーズもできちゃうの？」と飼い主さんがびっくりしてしまうほど、意外なリラックスした姿を見せてくれることがあります。

とくに注目すべきは寝相。ケージの中でだら〜んと手足をのばしている子や、ぐにゃりと曲がっている子まで姿はさまざまです。

飼い主さんだけが見られる!?

今回、本を作るにあたって、誌面に登場してくれたハリネズミたちもたくさんのリラックスポーズを見せてくれました。そのポーズが顕著に見られるのは飼い主さんがいるとき。リラックスの源は「飼い主さんのにおい」にあるのでしょう。

ただ、ハリネズミは仰向けになると体の自由がきかないこともあります。くれぐれも無理なポーズはさせないようにしてください。

ちょっと
すべっちゃった

小さくばんざい!

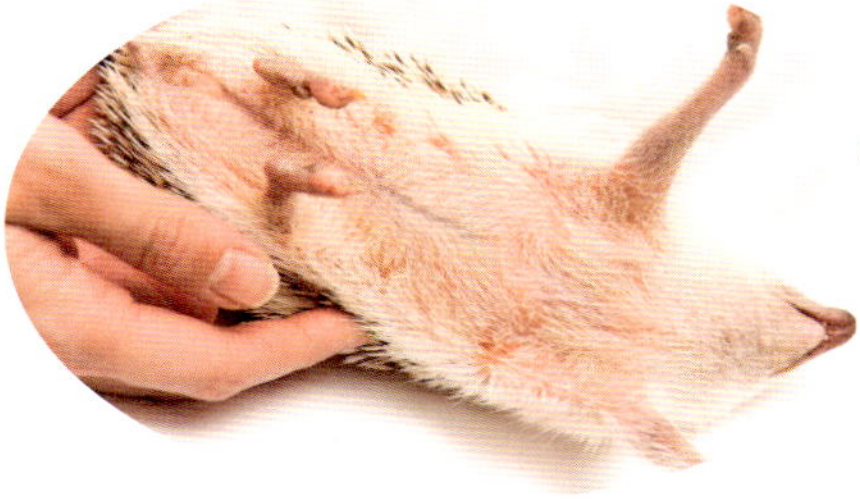
のび〜〜ん

CHAPTER

6

知りたい！ハリネズミのキモチ

「ハリネズミって何を考えているんだろう……？」
一緒に過ごしているとだんだん気になってくるはずです。
この章では、ハリネズミのキモチを読み解くヒントとなる
しぐさや鳴き声のナゾに迫ります。

ハリネズミの性格もいろいろ……

うちの子はどんなタイプ？

人間と同じく、ハリネズミの性格も十ハリ十色!?　あなたのおうちの子はどんなタイプ？

TYPE 1 甘えん坊

ベタ慣れで 仰向けに丸まるのが好き

飼い主さんの前ではいつもリラックスしています。名前を呼ぶと反応する子や、手を出すとすり寄ってくる子もいます。飼い主さんのことが「好き」というより、「そばにいてもいいよ～」と思われているだけかも!?

TYPE 2 冒険者

脱走はお手のもの！ とにかくアクティブ

運動大好き！　回し車でもケージの外でのお散歩タイムでも、とにかく動いていないと気がすまないやんちゃタイプ。好奇心旺盛なので、だっこしてもすぐに飼い主さんの手をはらって抜け出そうとすることもしばしば。

TYPE 3 ひとりが好き！

孤独を愛するハリネズミ 恋人は回し車！?

ケージ外のお散歩タイムすら苦手。一番好きなことは、深夜にひとりで回し車で遊ぶことのよう。飼い主さんとしてはちょっとさみしいかもしれませんが、この子の恋人である回し車は念入りに洗ってあげましょう！

TYPE 4 おこりん坊

通称「フシュー」さん そっとしてあげてね

ケージに手を入れると、体を丸めて警戒を表す「フシュー！」という声で「あっち行ってよ～」とアピール。怒っているようで怖がりさんでもあります。48ページの「仲よくなる方法」を少しずつ試してみましょう。

どんな性格の子でも責任を持ってかわいがろう

ハリネズミは犬のようにトレーニングなどでしつけをしたり性格を変えるのは難しい生き物です。もちろん、においに敏感という習性を利用して、少しずつ仲よくなることは可能です(48ページ参照)。食いしん坊の子なら、ごはんをくれる飼い主さんに対して「この人っていい人♡」と理解するようになるかもしれません。とはいえ、相手はハリネズミという「強敵」であることを忘れずに。飼い主さんもどんな性格の子であっても根気強く一生面倒を見てあげましょう。

キモチに迫ろう

鳴き声からキモチを知ろう

実は「おしゃべり」!?感情もあらわにする

ハリネズミが「鳴く」ことを知っていましたか？　初めて警戒している姿を見たときは、発する音の大きさに驚くはず。実は感情を鳴き声で表す動物なのです。とはいえ、鳥などのようにハリネズミどうしで鳴き声を使ってコミュニケーションをするわけではありません。ハリネズミは基本的に群れをつくらない単独生活なので、声を出す必要がありません。ではどんなときに声をあげるのかというと、主に警戒しているときや危険を感じたとき。そして、ものすごくリラックスしたときにも小さく鳴いたり寝言のような声を出すこともあるようです。マイペースなハリネズミの鳴き声にそっと耳を傾けてみましょう。

CASE 1　フシューッ！　シューッ!!

怒っています。そっと見守りましょう

ハリネズミが一番警戒しているときに出す声。体をぎゅっと丸めて全身の針をピンと立て、いつ敵に襲われてもよいように体を針で守りながら、大きな警戒音で相手を威嚇します。この状態になったら、飼い主さんにできるのはただ見守ることだけ……。落ち着くまで様子を見て。

COLUMN

基本的には鳴かない生き物

ひとり暮らしが基本のハリネズミはほとんど声でのコミュニケーションが必要ありません。何か聞きなれない音がしたら、まずは異常を疑いましょう。ハリネズミの身に危険が迫っている可能性があるので要注意！

CASE 2 クックッ

リラックスしている ときに聞こえることが

この声以外には「ゴロゴロ」と猫が喉を鳴らすような音のことも。リラックスしているときや何かいいものを見つけてうれしいときに出す声です。この声がどんなときに聞こえたかをメモしておきましょう。それをたくさん実践すれば、ハリネズミともっと仲よくなれるはず!!

CASE 3 ピーピー

赤ちゃんが お母さんを探すときや オスが発情するときに発する

まだ母乳を飲んでいるような小さい赤ちゃんが、不安から発する鳴き声です。鳴くことでお母さんに見つけてもらおうと必死です。また、オスがこう鳴くときは、発情期の証拠。メスへの求愛行動のひとつです。ひとりでも鳴く場合は、うれしいことがあったことを表しています。

CASE 4 キュー!!

絶体絶命!!

びっくりするぐらいの大音量で「助けて!!」とアピールしています。天敵に襲われたとき、または動物病院でもまれにこんな声を出すことがあります。よほどのことがない限り、こんな声は出しません。ですが、もし自宅でこの声が聞こえたらすぐに駆けつけましょう。

キモチに迫ろう

しぐさからキモチを知ろう

これほどわかりやすい生き物はいない!?

ハリネズミといえば、なんといっても全身の針が特徴。この針と柔軟な筋肉を使って危険を察知するやいなや、針を鋭く立て、イガグリのように体を丸めます。

23ページで解説したように、針の一本一本は皮膚と密接につながっています。ハリネズミは「嫌だな、怖いな」と感じたときに体を丸めて針を立てます。つまり、キモチと針は連動していると考えられます。リラックスしているときの針は寝ているので、ほかの動物と同じようになでることもできます。

針の動きからある程度キモチを読み取れることができるので、ハリネズミは意外とわかりやすい動物かもしれません。

ハリネズミの表情変化

かなり怒っています

抱き上げたものの、タオルの中で怒って針を立てているハリネズミ。

怒りの表情!!

怒り顔のアップ。おでこに針の分け目ができるのが特徴です。

でも時間がたつと……

体の中にしまっていた足を少しずつのばしてきました。

意外と平然としています

何事もなかったようにけろっとして手の中でリラックス。こういうタイプの子も多いようです。

いろいろなしぐさ

実は表情豊かなハリネズミ。
針を立てる以外にも、
ハリネズミのキモチが垣間見える
さまざまなしぐさを集めました。

噛む

知らないものに会ったときに噛むタイプの子もいるようです。飼い主さんに対して攻撃的なわけではないのでご安心を。

夢を見ている!?

寝ながら前足を甘噛みして寝言をしゃべっているみたい(笑)。実はハリネズミの寝相はとてもユニークでかわいいんです。

たたずむ……

ハリネズミがよくする行動No.1!?　ぼーっと物思いにふけるようなシーンもよく見かけます。哀愁ただよう丸い背中がたまらなくキュート。

においをかぐ

ハリネズミのあいさつのようなもの。見知らぬものは必ず鼻を使って厳重なチェックを行います。意外と好奇心旺盛なこともわかります。

あやしい動きは発情期のサイン!?

おとなのオスが健康に育っている証拠

これまでおとなしかったのに、急に暴れるようになった、攻撃的な様子を見せるようになった場合は発情期を迎えている可能性があります。

オスのハリネズミは生後約6〜8か月でおとなになります。生後2か月以上の子をお迎えすることがほとんどなので、飼い主さんのお宅に来て慣れてきたころに発情期を迎えるということがほとんどです。

基本的にハリネズミは性成熟を迎えると、一年中繁殖が可能な生き物。比較的穏やかな気候(春や秋など)の時期に発情を迎えるようです。

発情期になると、メスを飼っていなくても求愛行動をとります。

また、寝袋などに疑似交尾をして、布類を汚してしまうこともしばしば。オスはおなかの中心部分に生殖器があります。通常はまるで人間の「おへそ」のように丸くなっていますが、(疑似)交尾の際にハリネズミの足ぐらい大きくなることもあります。見慣れない光景に驚いてしまうかもしれませんが、あなたの家の子が健康な男の子に育っている証拠です。ただ、あまりにも長時間にわたって生殖器が出ているようであれば問題です。獣医師に相談し、やさしく見守ってあげてください。

発情期のオスの求愛行動

知識があれば突然の変化にも対応できるはず！　典型的な行動を知っておきましょう。

CASE 1

モノなどに体当たりする

　実際にメスに求愛行動をとるとき、オスはメスのそばに近づいてさえずりのような声でやさしく鳴きます。そして、ときには交尾をせまって体当たりのようなしぐさをとることがあります。これは、ひとり暮らしのオスでも起こす行動です。その場合、飼い主さんやモノにメスにするのと同じように体当たりをすることも。

CASE 2

生殖器が出ることも

　ひとりで飼っている場合でも、発情期を迎えると疑似交尾をすることがあります。寝袋や毛布などのやわらかい布類をメスに見立てて、実際に交尾のしぐさをします。オスの精液が付着したら、すぐに洗い流しましょう。歯ブラシなどでこすって手洗いすると落ちやすくなります。

COLUMN

「相手がいなくてかわいそう」は思い込み！

安易な繁殖をする前にきちんと考えよう！

発情しているオスを見ると、「ひとりでかわいそう、さみしそう」と思うかもしれません。けれど、発情は自然な行動なので、飼い主さんがそれほど心配する必要はありません。それよりもメスを迎えて、その子どもたちまでお世話できるかどうかを考えることのほうが大事。安易な繁殖はNGです。

キモチに迫ろう

ふしぎな行動――アンティング

アンティング＝だ液ぬり

ハリネズミの口からたくさんの泡が出ている……!? これは何かの病気ではないか、と慌ててしまう飼い主さんもいるかもしれません。

でも大丈夫。これは「アンティング」と呼ばれる行為の一環で、自分のだ液を体に塗っているのです。初めて見たときは、ハリネズミの舌がこんなにも長く、器用に背中側に舌をのばすことにびっくりするかもしれません。同時に、ハリネズミの体には柔軟な筋肉があることが見てわかります。

アンティングは、知らないにおいに出会ったときにする行動。口から泡状のだ液を出して、自分の背中やわき腹などに塗り込みます。ハリネズミがこうした行動をとる理由は、まだ完全にわかっていません。敵に見つからないように自分のにおいを特殊なだ液を使って消すという説やマーキングという説が有力です。また、ハリネズミは毒がある生き物を食べることもあるので、消毒用の泡ではないかと考える説もあります。

このだ液に触れたときに、肌にアレルギー症状のような赤みが出たり、かゆみを感じる飼い主さんもいるようです。もしだ液がついたら、手洗いするようにしましょう。

家庭でアンティングをするとき

アンティングの行為自体は防げませんが、どんなときにするかを知っておけば安心です！

☑ 新しいにおいに出会ったとき

部屋の中を散歩させているときに、新しいモノを発見してアンティングすることがあります。これはハリネズミから発される「危険なモノがある！」というサインと受け止めましょう。口にしないようにすぐに撤去し、事故などを防いでください。

☑ 知らない人に会ったとき

初めて会うお客さんや、飼い主さんの家族が家に来たときにアンティングすることも。ハリネズミにとっては、人間であろうがモノであろうが知らないにおいがするものは同じなのでそっと見守ってあげましょう。

COLUMN

モグラも近い行動をする

特殊なだ液を分泌する点から見ても似ている

少し前の生物学の分類では、ハリネズミはモグラと同じ「食虫目」という仲間に分けられていました。どちらもその名前が示すとおり、主に虫を食べる種類です。また、モグラは狩りのときに麻酔効果のあるだ液を使うことがあります。このだ液で獲物を麻痺させて、住み家にある貯蔵庫まで持ち帰って保存しています。ハリネズミとモグラは、だ液に特殊な効果がある点も似ていますね。

ハリネズミと遊ぼう！

ときには回し車以外の運動にも挑戦!!

野生のハリネズミは起きている時間のほとんどを食料探しにあてています。夜のサバンナを歩き続ける姿を想像してみましょう。でこぼこした地面の上を、鼻を使って虫がいないかくんくんにおいをかぎながら探しているシーンが思い浮かびます。ハリネズミにはその小さな体で一日に約5㎞も歩き回るのです。一方で、ペットのハリネズミはそれほど広い空間を与えることが難しいもの。回し車はスポーツマンのハリネズミにとって必須アイテムとなるので、用意してあげましょう。92ページで紹介するお部屋の散歩（へやんぽ）も効果的です。回し車だと運動量は稼げますが、刺激が少ない環境になりがちです。

ハリネズミの好奇心を満たそう！

もともと暮らしていた環境に近づけて生活させることが、動物の幸せにつながる「エンリッチメント」という考え方があります。実際に多くの動物園でも飼育方法に生かされています。

24ページで紹介した野生のハリネズミの暮らしぶりを想像しながら、「どんなことをしたらハリネズミの幸せにつながるのか？　ストレス解消になるのか？」を考えてみましょう。

一例としては、左ページで紹介するような「におい」を使った遊びがおすすめです。臆病なハリネズミもいますが、においに対しては好奇心が強い子が多くいるので、適度によい刺激を与えて楽しませましょう。

やってみよう！ 遊び方いろいろ

回し車以外の遊びのバリエーションを増やせば、ハリネズミも退屈しません♪

CASE 1 フォージング

野生に近い形で ごはんを探させよう

フォージングとは、エサを探す行為のこと。野生のハリネズミは自分でエサを探しますが、家庭で飼われているハリネズミはお皿の上に新鮮なフードが用意されています。ある意味幸せなことですが、たまにはこのような刺激を与えるとハリネズミの生活にも潤いが生まれます。たとえば、いつものフードをハンカチなどの軽めの布の下に隠して、自分で探させます。くんくんとにおいをかいで、「これはなんだ？」といぶかしみながら、きっと恐る恐るハンカチの下にもぐり込むはずです。慣れてきたら、隠し場所を変えたりして難易度をあげるのもよいでしょう。

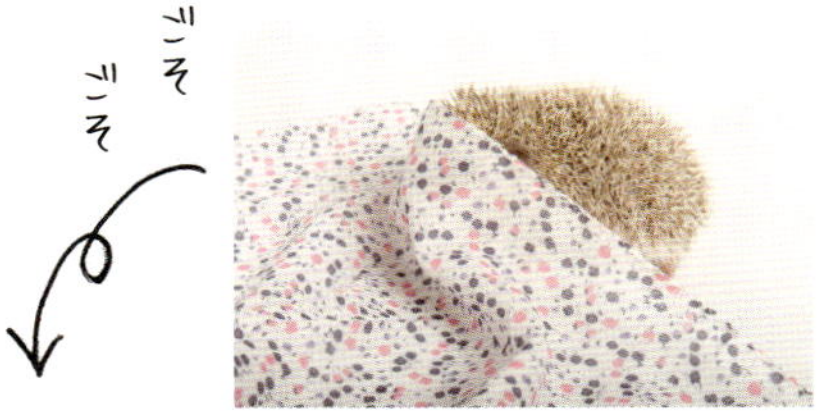

CASE 2 探検ごっこ

筒状のアイテムを使って 迷路探検に誘い出す！

野生では木の下や岩の間などを巣としているハリネズミ。狭いところでは本能的に心を落ち着かせて遊んでくれるでしょう。この習性を利用して、フェレット用のトンネルを置くと、迷路のように歩き回って探検を楽しむはずです。上のフォージングの一環として、トンネルの中にフードをいくつか隠してもよいですね。トイレットペーパーの芯でもOKですが、太りぎみの子は体を詰まらせてしまうこともあるので要注意。また、ハムスター用のトンネルも小さすぎるのでNGです。どんな遊びにせよ、飼い主さんがしっかりと見張って目を離さないのが基本です。

「へやんぽ」しよう

お部屋のお散歩略して「へやんぽ」

運動不足の解消にハリネズミをケージから出してお部屋でお散歩させてみましょう。できれば下の写真のように、床などをサークルなどで仕切ります。電気コードなどをかんで感電してしまうこともあるので要注意。また、新しいにおいを感じとると、なめたりかじったりしてアンティングすることがあります。なるべく障害物がない空間でへやんぽさせましょう。

へやんぽさせる床は必ず掃除を。小さなハリネズミの足が何かを踏んでケガをする可能性もあります。気づかないゴミなどを誤って口にしてしまうこともあるので要注意。

慣れてきたらスキンシップを

家に迎えたばかりの頃は環境に慣れていないので、いきなり「へやんぽ」はNG。ケージに慣れてきた頃に、段階的に行いましょう。

また、へやんぽは飼い主さんとハリネズミの距離を縮めるチャンス。なるべく飼い主さんのにおいをかがせましょう。抱っこの練習をしたり、飼い主さんの服のにおいをかがせるのもおすすめです。

飼い主さん自身が気をつけたいのは、へやんぽ後のこと。抜け落ちた針を誤って踏んでしまうとケガの原因になります。ハリネズミをケージに戻した後は、再度掃除する習慣を。

あると便利！

サークル

しっかりと区切られた空間をひとつ用意しておくと、どこかに入り込むことや脱走の危険がないので安心です。これと同時にハリネズミが倒さないかどうかもきちんと確認しておきましょう。

POINT

へやんぽの注意点

- へやんぽ専用のスペースをつくる。
- 足にケガをしないよう、専用スペースの掃除は丹念に行う。
- 口にしてしまいそうなものは撤去しておく。

へやんぽ写真館

ハリネズミといっしょに
お部屋の中を探検！
のびのびとした表情をフレームに
おさめてみました。

高いところは落ちないように

お散歩させるときは、くれぐれも落ちないように気をつけて。足が細いのでちょっとした段差も骨折の危険があります。

すきあらば脱走！

狭いところが大好きなのでせっかく広い空間に出しても、より狭い場所に移動しようとします。脱走にも要注意。

すみっこ、狭いところが大好きなので気をつけよう

ハリネズミは狭い空間が大好き。家具のすきまなどに入り込んで行方不明になってしまうことがあるので、くれぐれもしっかりと見張っておきましょう。

HEDGEHOG'S COLUMN

ハリネズミと遊んだあとは……

手洗いの習慣を！

サルモネラ菌を もっている

人に感染すると激しい嘔吐や下痢を起こすサルモネラ菌は、食中毒の原因としてよく知られています。ハリネズミに限らず、動物が腸内にサルモネラ菌を保菌しているのは珍しいことではありません。

免疫力が正常なハリネズミなら、保菌していても無症状なことが多いですが、病気中の子や高齢の子で免疫力が低くなっていると、腸炎になり下痢や脱水を起こしたり、最悪の場合、死に至る危険があります。

手洗い＝人と動物の つきあいのルール

ハリネズミがもっているサルモネラ菌が人に感染することもあります。とはいえ、これは未然に防げるもの。ハリネズミをさわったら手を洗う、キスはしない、遊びながらモノを食べない、といった接し方を徹底することが大事です。

あまりのかわいさについつい過剰なスキンシップをしてしまうこともあるかもしれません。けれど人と動物が暮らす上での最低限のルールはおたがいのためにも守るべきです。

CHAPTER

7

知っておこう！ ハリネズミの病気

健康で長寿のハリネズミをめざすため、
正しい知識として飼い主さんに身につけてもらいたい
「カラダ」のこと、「病気」のことを紹介していきます。

病気について

ハリネズミの健康を守ろう

不調のサインを見逃さないで

わたしたち人間は体調が悪くなると自分で病院へ行き、診察を受けることができます。でも、言葉を話せないハリネズミにはそれができません。いっしょに暮らす飼い主さんが、ハリネズミの異常にいち早く気づいてあげなければいけないのです。そのために毎日行ってほしいのが、左ページにあげた健康チェックです。具合が悪いとき、ハリネズミはさまざまなサインを発信しているはずです。でも、それはごく小さいもの。「いつもとようすが違う」ことを見逃さないために、日ごろから「健康診断」という観点もまじえてハリネズミをよく観察しましょう。

獣医師の健康診断で病気を早期発見！

ハリネズミが健康に見えても、1年に1回、3才を超えたら半年に1回は健康診断を受けましょう。

定期的に健康診断を受ければ、病気が早期発見しやすくなります。自宅での健康チェックだけでは見えてこない病気が診察や精密検査で明らかになるケースもあるのです。

また、データを記録しておくという意味でも健康診断は重要です。獣医師にその子の健康な状態を知っておいてもらえれば、いざ病気になったときの診察や治療に役立ちますし、血液検査などの数値は、病気をしたときの比較材料となります。

Let's try

健康チェック

ふだんからスキンシップも兼ねて、体のいたるところに異常がないかチェックしよう！

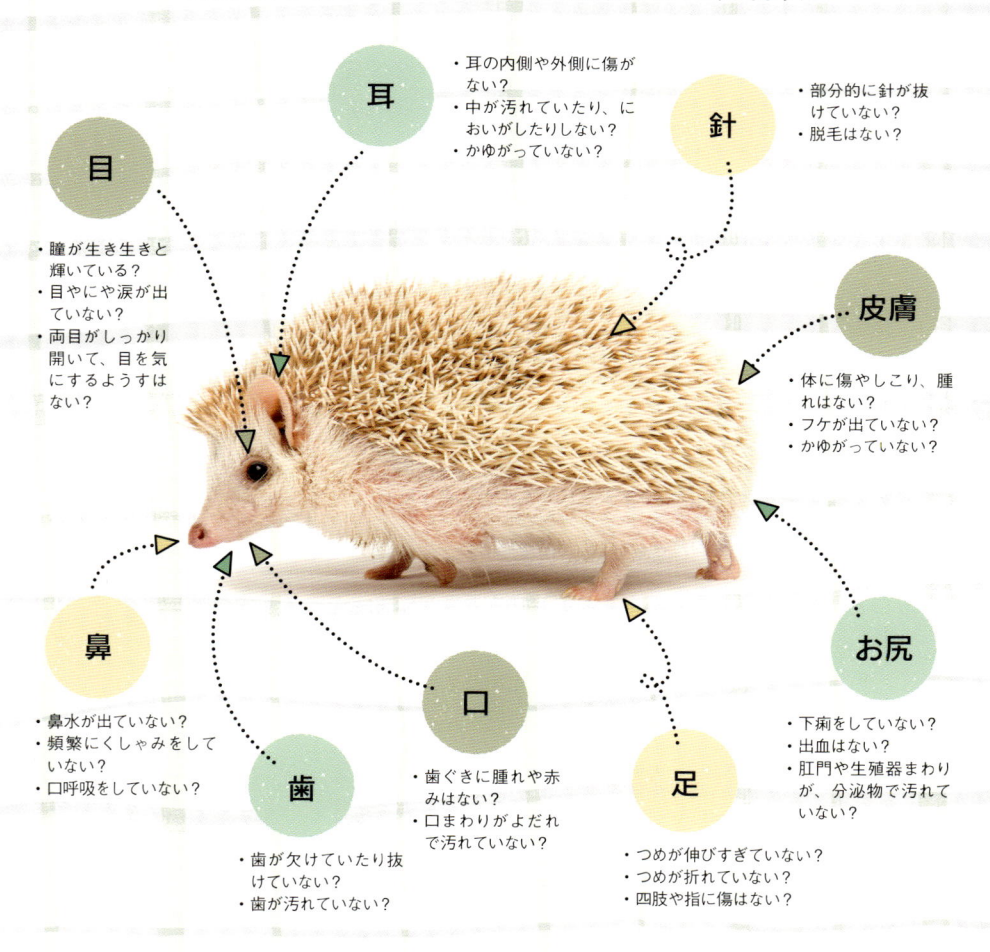

耳
・耳の内側や外側に傷がない？
・中が汚れていたり、においがしたりしない？
・かゆがっていない？

針
・部分的に針が抜けていない？
・脱毛はない？

目
・瞳が生き生きと輝いている？
・目やにや涙が出ていない？
・両目がしっかり開いて、目を気にするようすはない？

皮膚
・体に傷やしこり、腫れはない？
・フケが出ていない？
・かゆがっていない？

鼻
・鼻水が出ていない？
・頻繁にくしゃみをしていない？
・口呼吸をしていない？

歯
・歯が欠けていたり抜けていない？
・歯が汚れていない？

口
・歯ぐきに腫れや赤みはない？
・口まわりがよだれで汚れていない？

足
・つめが伸びすぎていない？
・つめが折れていない？
・四肢や指に傷はない？

お尻
・下痢をしていない？
・出血はない？
・肛門や生殖器まわりが、分泌物で汚れていない？

POINT

「いつもと違う行動」は要注意！

行動やしぐさから「いつものうちの子と違う」と感じたなら、そこに病気が隠れていることもあります。様子見をするのではなく、早急に獣医師に相談しましょう。病院での診察では「いつから、どんな状態か」が重要な手がかりです。できればふだんから、体重、食欲、排せつ物の状態などをメモにとっておくとよいでしょう。

頼れる病院を探しておこう

突然やってくるからこそ備えておきたい

ハリネズミを迎える準備のなかでも大切なのが病院探しです。全国に動物病院は数多くありますが、「エキゾチックアニマル」の診察が可能でハリネズミにも慣れている病院は多くないのが現状です。そのため、いざ具合が悪くなってから探したのでは、すぐには見つからずに病気が悪化する危険も。加えて納得のいく病院選びも難しいでしょう。動物病院を見つけたら、まずは健診などで病院を訪れておくのをおすすめします。ハリネズミが健康に長生きするためには、獣医師と飼い主さんとの連携が不可欠です。信頼関係を築けるよう、飼い主さん側にも努力が必要です。

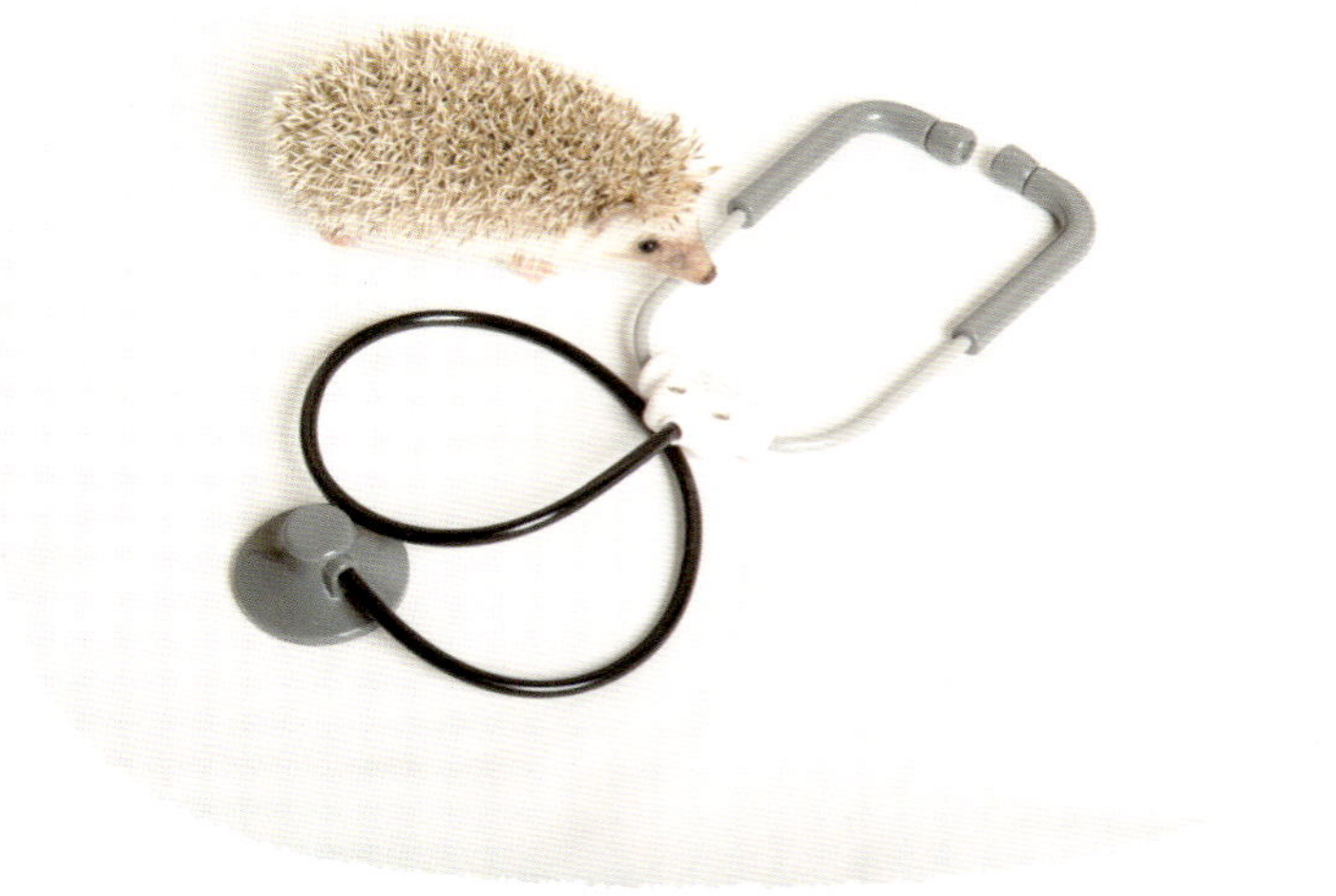

緊急時こそ冷静な対応を

飼い主さんがどんなに気をつけていても、病気や事故は防げないこともあります。そんなときに慌てることがないよう、事前に緊急時の対処を考えておきましょう。

急にハリネズミの具合が悪くなった場合、まずはかかりつけ医へ電話して症状を伝え、獣医師の判断を仰ぎましょう。必要なら応急処置をして、すぐに病院へ向かいます。以前に同じ症状で病院から処方されている薬があっても、素人判断で与えるのは危険なので与えてはいけません。

飼い主さんが冷静に症状を伝えることで、獣医師も的確な診断をより下しやすくなります。

かかりつけ医探しのポイント

信頼できる獣医師さんを見つけるためのポイントを紹介します。

- ✓ 診療対象にエキゾチックアニマルが入っていても、事前にハリネズミの診察ができるかを問い合わせを。
- ✓ 院内が清潔に保たれている。また、来院時や電話時のスタッフの対応がよい。
- ✓ 診療内容や治療費について明確な説明があり、飼育上の不安など、飼い主さんの質問に的確に答えてくれる。
- ✓ 診察時、ハリネズミの全身を丁寧に診てくれて、扱いも慣れている。ハリネズミについての知識が豊富。
- ✓ 容体が急変したときのため、時間外の診療について相談にのってくれる病院だと安心。その病院での対応が難しいときは、緊急時や夜間病院が紹介してもらえる。
- ✓ 診療や手術などの経験が豊富で、ハリネズミ飼育者の間で評判がよい。

必ず飼う前に
病院を
見つけておこう♪

COLUMN

かかりつけ医に加えて できれば緊急医も！

ハリネズミの診療が可能な病院が見つかっても、そこが近所にあるとは限りません。かかりつけ医のほかに、緊急時や夜間・祝日診療を行っている動物病院も探しておきましょう。見つからない場合は、まずはかかりつけ医に相談のうえ紹介してもらうのも一案です。別の病院にかかった場合は、症状が治まったとしても、翌日必ずかかりつけ医を受診してください。

ハリネズミがかかりやすい病気

小さな体を蝕《むしば》む病気の対処法とは？

ハリネズミには、体に不調があるとき、それを隠そうとする習性があります。野生で暮らすハリネズミが、体の弱っているところを見せてしまうと、敵に襲われやすくなるからです。そのため、飼い主さんが異常に気づいたときには症状が進行していることも……。あらかじめ、ハリネズミがかかりやすい病気とその症状についての知識を深めておくことが、病気の早期発見へとつながります。ただし、ハリネズミが感染する病気はたくさんあり、同じ症状でも治療法が異なることもあります。素人考えで「この病気か」と、判断をくだしてはいけません。

皮膚

ダニ症（疥癬《かいせん》）

［概要］

主に疥癬ダニ（ヒゼンダニ）が原因の皮膚病。寄生された個体との接触、床材などを介しての感染が多く、ハリネズミがかかりやすい病気です。ペットショップなどで同じケージに複数匹飼育していた場合は感染が広がりやすいため、お迎え後は病院で検査をしてもらうとよいでしょう。

［症状］

疥癬ダニは、皮膚に疥癬トンネルと呼ばれる穴を掘り寄生するのが特徴で、メスはその穴に産卵をします。

症状は、針のつけ根にかさぶたのようなフケができる、針が抜ける、かゆがる、元気がない、食欲低下など。針のつけ根の皮膚に表れやすいので、毎日の健康チェックで発症していないかしっかり見ましょう。

［治療］

駆虫剤を滴下しダニを駆除しますが、卵には効果がないため、完全に駆除するには卵が孵化する頃合いで数回投薬が必要。それと同時に、ハリネズミの飼育スペースに落ちた卵の駆除も行います。床材、フード容器などは十分に洗浄して熱湯消毒を。清潔な環境を整えましょう。

耳ダニ症

［概要］

耳道の入り口に見られる皮膚病で、ネコショウセンコウヒゼンダニというダニが寄生することで起こります。

耳あかを拭き取り、顕微鏡検査にかけて診断します。

［症状・治療］

耳をかゆがったり、黒い耳あかが見られたらこの病気が疑われます。ダニ症と同じく、駆虫剤の数回滴下による治療を行います。

外耳炎《がいじえん》

耳介から鼓膜までの外耳に細菌やカビ、耳ダニなどが感染することで、炎症が起こる病気の総称。

症状は、耳の中が汚れる、におう、膿状の分泌物が出る、顔や耳にさわられるのをいやがる、頭をしきりに振るなど。

飼い主さんが汚れをとろうと耳掃除をして悪化させることもあるため、症状が見られたらまずは病院へ。

細菌性皮膚炎《さいきんせいひふえん》

ブドウ球菌などの常在菌による細菌感染症で、場合によっては、細菌が皮膚の深い場所にある皮下脂肪組織にまで侵入して化膿を起こします。

症状としては、かゆみや赤みが出て、針が抜けたり、腫れなども引き起こします。

似たような皮膚の病気に真菌症皮膚糸状菌症もあるので、必ず病院で診察を受けて適切な治療を施しましょう。

落葉状天疱瘡《らくようじょうてんぽうそう》

［概要］

ごくまれな病気です。体全体に小さな水泡ができ、それが乾いて落ち葉のような落屑《らくせつ》（皮膚の表層がはげ落ちること）が起こる病気です。

［症状・治療］

全身の針が抜ける、皮膚が乾燥して脱毛する、足・肛門・耳・あごなどが赤くただれるといった症状が見られます。ステロイド剤の投与を長期間続けることで、症状が改善したという報告があります。

ダニによる皮膚病のため、針が抜けたところ。

目

ハリネズミは、目の病気にかかりやすい動物で、その原因は目の構造にあります。

ハリネズミは眼窩《がんか》（眼球がおさまる頭蓋骨のくぼみ）が浅いために、目が突出しています。そのため、尖った床材やつめ、ほかのハリネズミとのケンカなどにより外傷を受けやすいと考えられます。

角膜炎

角膜（眼球を覆う透明な膜）が傷つくことで起こる病気の総称。前述したように、ハリネズミの目は突出ぎみなので、傷がつきやすく、傷から細菌などが感染して炎症を起こします。

目やにや涙が増える、角膜が白く濁るなどの症状が見られます。進行すると失明することもあります。

白内障

水晶体（ものを見るときにピントを合わせるレンズ）が白く濁り、視力が低下します。ハリネズミに限らず高齢の動物がかかりやすい病気です。発症したら治療は困難で、最終的に失明することは避けられません。

これまでの環境を変えず、ものの配置をそのままにするなどして、目が見えなくても生活できるよう配慮を。しかし、失明しても嗅覚に頼って暮らしていけるので大きな問題にならないことが多いです。

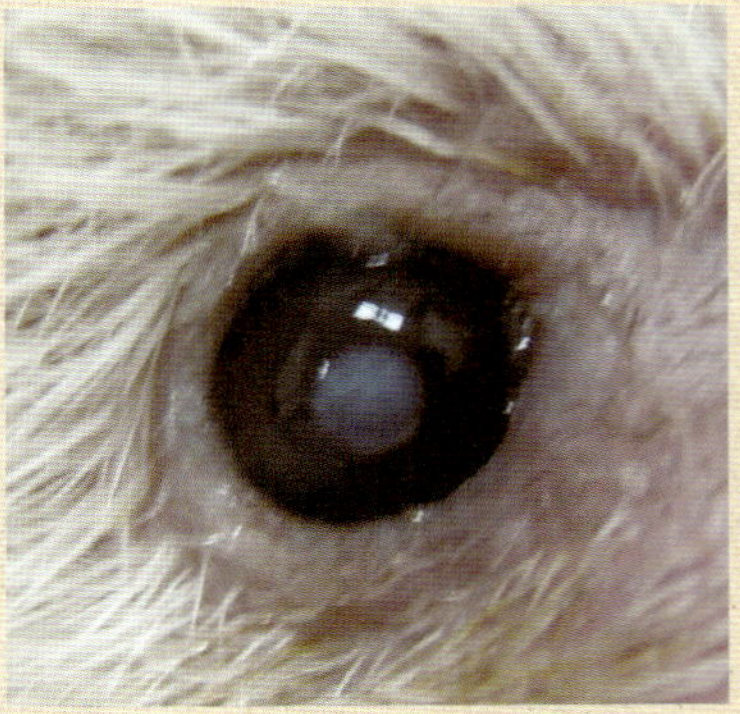

白内障のハリネズミ。目が白く濁っている。

呼吸器

呼吸器感染症

［概要］

パスツレラという細菌やマイコプラズマ菌が、鼻、鼻腔、咽頭、喉頭、気管、肺などの呼吸器に感染して起こります。初期症状は鼻水、くしゃみなど。進行すると咳、食欲低下、呼吸音の増大、呼吸困難などが見られ、最悪の場合命を落とすこともあります。栄養失調や免疫不全から、ほかの病気も併発しやすいので要注意。

［治療］

病原体に対応した抗生物質の投与や薬を霧状にする吸入器を使用して治療を行います。

不衛生な床材、不適切な環境下では感染、悪化がしやすいため、飼育環境が清潔かどうか見直しましょう。また、保温にも注意しなければいけません。

歯

ハリネズミはげっ歯目のネズミなどとは違い歯が伸び続けないため、歯を削る必要がありません。本来は昆虫などを主食とする生き物なので、繊維質のないやわらかいフードばかり食べていると口内に歯石などがたまりやすく、歯周病などを引き起こしやすくなります。

歯肉炎・歯周病

［概要］

食べカスが歯に付着すると、それをエサにする細菌が増殖します。その細菌のかたまりが歯垢ですが、これを放置すると固い歯石となり、歯と歯ぐきのすき間に入って炎症を起こす原因となります。歯ぐきに炎症が起きた状態を歯肉炎、歯や歯槽骨にまで異常をきたした状態が歯周病です。

［症状・治療］

症状としては、歯ぐきが赤く腫れる、よだれが多くなる、歯肉が後退するため歯が長くなったように見える、口がくさい、歯がぐらつく、歯が抜ける、痛みから食欲がなくなるなど。また、重症化すると細菌が血流にのって全身にわたり肝臓・腎臓疾患が起こる場合もあります。

治療は麻酔をかけ歯石除去を行い、炎症を抑える抗生物質を投与します。

［その他］

歯肉炎と同様の症状が出る病気に口内炎があります。固いフードのかけらで口の中を傷つけたり、ケンカから相手の針で口にケガをしたりして炎症が起こります。また、ハリネズミのオスは、メスと交尾をするとき首筋にかみつくため、その際に針で口内を傷つけて炎症を起こすことも。

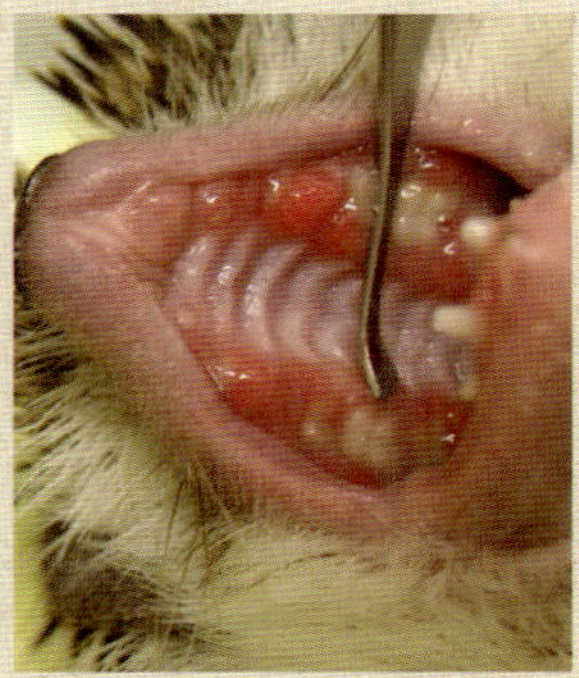

歯肉炎のようす。上顎切歯が抜けて歯ぐきが赤く腫れている。

筋肉・骨

拡張型心筋症

心臓全体が大きくなったことで左右の心室の壁が薄くなり、血液を送り出すポンプの力まで弱くなってしまう病気です。呼吸困難、元気がなくなる、腹水がたまる、心臓の雑音などの症状が出ます。

骨折

回し車やケージの底網などに足がひっかかり骨折するケースが多く、ギブスで固定したり、手術でピンを埋め込むことで治療します。危険がないよう、飼育環境を見直しましょう。

消化器

サルモネラ腸炎

サルモネラという細菌が原因の急性腸炎のこと。サルモネラは健康なハリネズミでも保菌していて、通常は無症状。ですが、不衛生な飼育環境下などで腸炎を発症することがあり、下痢、体重減少、食欲低下、脱水などの症状が見られます。悪化すると死亡することもある怖い病気です。

サルモネラは、人獣共通感染症（106ページ参照）の一種なので、飼い主さん側にも注意が必要です。

クリプトスポリジウム症

クリプトスポリジウムという原虫が腸管に感染して下痢、食欲低下などを起こします。不衛生な環境下で汚染されたものを口にして感染することが多いため、生活スペースを清潔に保つよう心がけを。人獣共通感染症のひとつ。

腸閉塞・腸捻転

ハリネズミは、「へやんぽ」させた際などに毛、ゴム、じゅうたんの繊維など消化できないものを飲み込むことがあります。この結果、腸閉塞をまれに起こします。発症すると、食欲低下、ぐったりと元気がなくなる、ガスがたまり便が出なくなるといった症状が現れ、嘔吐をともなう場合も。早急に外科手術で詰まっているものを取り除かなければ、命にかかわることもあります。

また、腸間膜がねじれて閉塞を起こす腸捻転により同様の症状が現れている場合もあります。

下痢

下痢は、ハリネズミに適さない食品を与える、これまでの食事内容を急に変更することなどから起こることが多くなっています。また、細菌感染などの病気が原因の場合もあるため、甘く見てはいけません。

脂肪肝

肝リピドーシスともいわれ、よく起こる病気のひとつです。肝臓には摂取した食物の栄養を体内で利用できる形に作り変える役割がありますが、中性脂肪がたまることで、肝臓が正常に機能しなくなります。

中性脂肪がたまる原因は、肥満、脂質の多いフードの過剰摂取がメイン。そして、ダイエットや病気による食欲の低下によって飢餓状態になり、体に不足するエネルギーを作ろうと体内の脂肪が肝臓に集められることもあげられます。

肥満状態のハリネズミ。脂肪が多くつき、体をすべて丸めることができない。

がん

［概要］

腫瘍には、良性腫瘍と悪性腫瘍（がん）があり、ハリネズミにできる腫瘍の多くは悪性という報告があります。

そのなかでも、歯肉によくできる扁平上皮がんやメスの乳腺腫瘍、子宮がん、血液がんの一種、リンパ腫が多く、遺伝や環境、加齢などさまざまな原因が考えられます。がんは高齢になると発症しやすいのですが、若いうちから健康チェックや健康診断をして、早期発見を心がけましょう。

［症状・治療］

症状は患部にしこりや腫れができる、おなかが膨れてくる、食欲が減り元気がない、呼吸困難など。メス特有のがんである、子宮がんでは、生殖器からの出血（血尿）も。

治療法は、腫瘍のできた部位、進行度合いによって異なります。獣医師と最善の治療を相談しましょう。

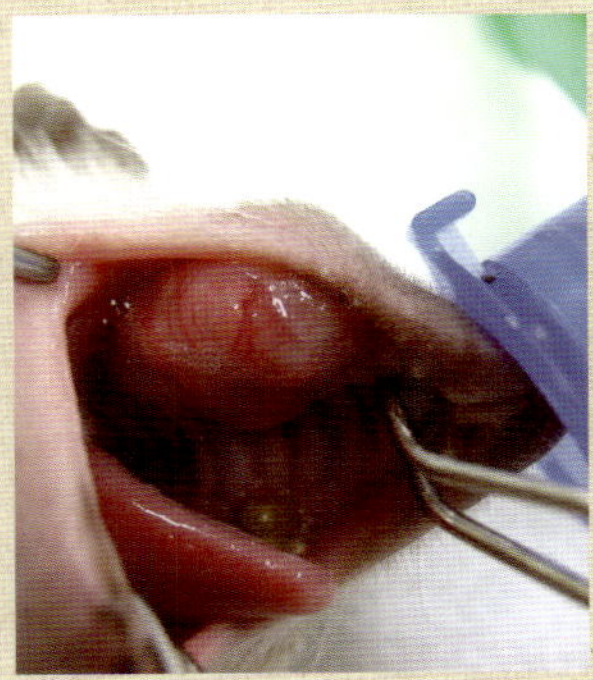
口の中の扁平上皮がん。口内にできた腫瘍が赤く腫れている。

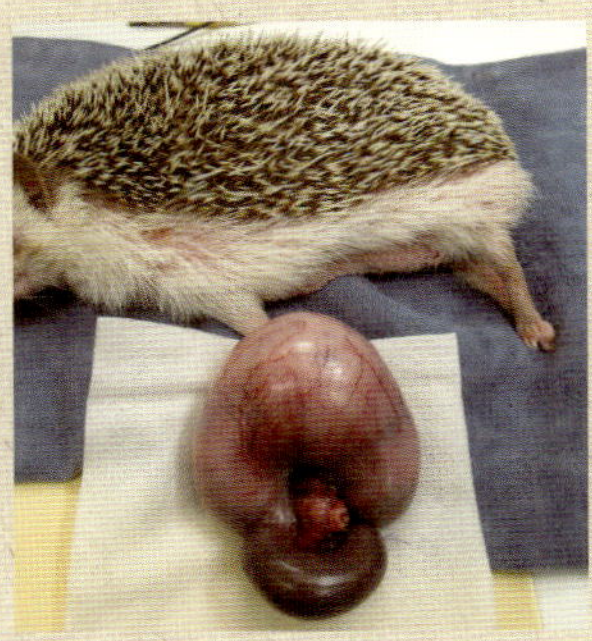
子宮にできた腫瘍を手術で取り除いたもの。小さな体にこれだけ大きな腫瘍ができることも。

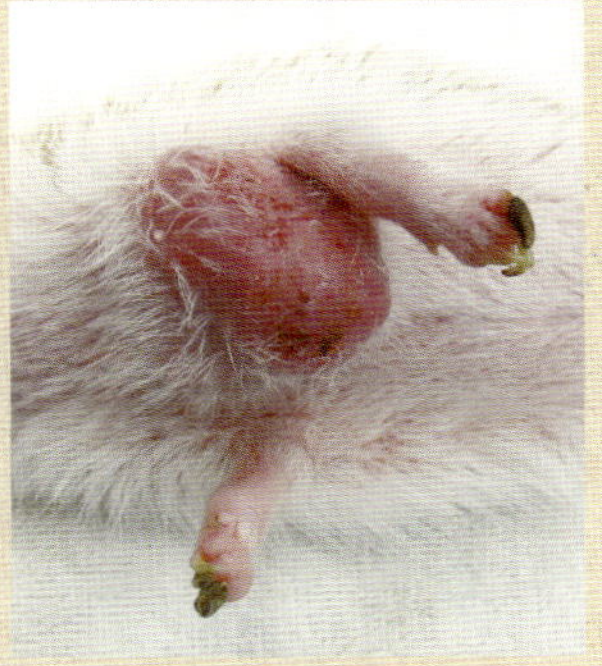
歩行も困難なほど腫瘍が大きくなったケース。

泌尿生殖器

尿石症

腎臓、膀胱、尿道、尿管に結石ができてしまう病気です。結石の成分は尿中のミネラル分がかたまったもの。つまり、ミネラルの過剰摂取などによる栄養バランスの偏りが原因となります。

症状は、頻尿、血尿、1回の排尿量が少ない、食欲の低下など。水を飲む量が少ないと尿が濃くなり結石ができやすいです。

治療では、抗生物質を与えたり、外科手術で結石を除去することもあります。

膀胱炎

細菌感染により膀胱に炎症が起こります。不衛生な環境が原因となることが多く、尿石症と併発している場合も。症状は尿石症とほぼ同じ。抗生物質を投与して治療します。

腎炎

腎臓の炎症により腎臓機能が低下する病気の総称。多くは、膀胱炎などの感染症にかかったときに二次的疾患として生じますが、高齢になると慢性腎不全が多くなります。症状は、血尿、食欲低下、むくみ、尿量の減少など。

包皮炎

オスのハリネズミによく起こる病気のひとつ。床材やトイレ砂などに生殖器を包み込む皮がはさまって傷ついたり、そこにゴミがたまって炎症を起こします。生殖器を気にするしぐさをしていないか、観察をしましょう。

子宮炎・子宮蓄膿症

細菌感染によって子宮内膜に炎症が起こる病気を子宮炎、炎症で生じた膿が子宮内にたまる病気が子宮蓄膿症です。症状は、生殖器から血や膿などの分泌物が出る、おなかが張る、食欲低下、元気がなくなるなど。進行度によっては、子宮の摘出手術を行います。

COLUMN

人との共通感染症

正しい知識があれば、きちんと予防ができるものです。

ハリネズミから人にうつることも

動物から人へ感染する病気は数多くあります。たとえば、ハリネズミから感染する共通感染症では、疥癬、皮膚糸状菌症、サルモネラ腸炎などが代表的ですが、これらはハリネズミ特有の病気ではなく、犬や猫、ほかの動物からの感染もあります。適切な接し方をしていれば予防可能なので十分な知識を身につけましょう。必要以上に感染症を恐れることはありませんが、口と口でキスをするなど過剰なスキンシップは禁物ということを覚えておきましょう。

POINT

手洗いでしっかり予防

感染の予防は決して難しくありません。ハリネズミをさわったら手を洗う、排せつ物を放置しないなど、こまめに掃除をして飼育環境を清潔に保つなど簡単で基本的なことばかりです。ふだん行っているような適切なつき合い方をすることが大切です。

神経系

ハリネズミふらつき症候群

［概要］

英語の略称はWHS(Wobbly Hedgehog Syndrome)。その名の通り、四肢が麻痺してふらつき始め、やがては寝たきり生活になった後、命を落とす病気です。脳内の白質組織や神経に異常が起きるため、ふらつくなどの症状が出ると考えられています。

なぜ発症するかはっきりとした原因はわかっていませんが、遺伝性という説や、星状細胞腫という神経の腫瘍という説、マウス肺炎ウイルスがハリネズミの脳内に入ったために発症するのではないかといったように様々な説があります。まだ原因究明と治療方法について研究中の病気で、今後の成果が待たれます。

また、海外ではペットのハリネズミが、先天的にWHSをもって生まれる確率は約10％にものぼる、というデータもあります。

ほとんどが2才になるまでに発病します。発症後、18～25か月以内に死亡してしまう不治の病です。

ただし、生きているときにWHSと診断することは難しく、死後に解剖でわかることがほとんどです。ふらつき始めたからこの病気なのだと思い込まず、ほかにも四肢の病気や低血糖などの治癒可能な病気の可能性もあるので、まずは獣医師のもとでほかの部位に異常がないかを検査しましょう。

［症状・治療］

後ろ足に運動失調が出て足元がふらつく、四肢に力が入らない、感覚が鈍くなる不全麻痺、筋肉の劣化などが主な症状です。ほとんどのケースで後ろ足から発症し、やがて病気の進行とともに前足や全身にまで麻痺が広がります。

麻痺状態が続くと食事や排せつも自力で行えないので飼い主さんが介護を行いましょう。

やわらかくて快適な寝床を用意し、排せつなどで汚れたらすぐに取り換えられるように。ハリネズミの体も蒸しタオルで拭くなどして清潔に保ちましょう。症状が進んだ場合は、シリンジなどで強制給餌を行います（109ページ参照）。

病気のときのお世話

獣医師の指導のもと適切なお世話を

ハリネズミが病気になったら、自宅での看護と病院での治療を行いますが、それには飼い主さんと獣医師との連携が大切になります。投薬、食事、環境の整え方などは、病気やケガによって対処が異なるため、獣医師から指示されたことを守って治療に専念しましょう。不安なことがあったら、悩まず獣医師に相談を。

環境面で最も重要なのは、「清潔で安静にできる空間」を用意することです。飼育スペースに布をかけ、薄暗い空間を作ってあげるとよいでしょう。また、病気中は下痢などで体が汚れやすいため、蒸しタオルで体を拭いて、衛生管理を徹底しましょう。

病気にそなえてハリネズミ貯金も

人間には健康保険がありますが、ペットの医療費は、通常全額自己負担です。また、ペット医療は自由診療なので、受診する病院によって料金も異なります。手術や長期的な通院・投薬が必要になると、飼い主さんの経済的負担も大きくなるでしょう。

いざというときに慌てないよう、毎月一定額を貯金して蓄えておくなど、治療の選択肢を広げる検討も大切です。選択肢のひとつとして、一定額を掛け金として支払い、医療費の保障を受ける「ペット保険」もあるので、ハリネズミが入れるか確認してください。今後必要になるだろう医療費について、家族と相談しておきましょう。

薬のあげ方

病院から処方される薬は、飲み切ることが前提です。
症状が改善されたからといって、飼い主さんの判断で投薬をやめてはいけません。

CASE 1 シリンジを使う

口の横からやさしく注入を

錠剤は粉末状に砕き、水に溶いてシリンジで与える方法があります。口の横から少しずつ液剤を入れましょう。ただ、これには慣れが必要。無理に行うと丸まってしまい投薬が不可能ですし、これをきっかけに人を怖がってしまう可能性も。難しいようなら、獣医師と相談して別の投薬方法の検討をしましょう。

CASE 2 飲みやすい方法で与える

うちの子に合う方法を見つけて

シリンジをいやがる子には、ペット用ミルクなどハリネズミが好む液体に薬を混ぜ、ハリネズミ自身にスプーンでなめさせます。また、ミールワームに薬を注入して、それを食べさせるという手もあります。苦みの強い薬でなければ、粉末状の薬剤を好物に混ぜて与えてもよいでしょう。いずれも投薬については飼い主さんの根気が必要になることがほとんど。獣医師とも相談して行いましょう。

CASE 3 塗り薬・目薬など

[塗り薬]

体を丸めてしまう場合は、好物を与えている間に行いましょう。難しければ無理をせず、病院でお願いするのも手です。

[目薬]

目薬は、体をしっかりと支えながら点眼します。難しいようであれば革手袋を用いましょう。完全に丸まってしまうこともあるので、根気よく行ってください。

HEDGEHOG'S COLUMN

さいごまで一緒!!

シニアハリネズミとの暮らし方

成長に合わせて環境を整えよう

ハリネズミは、３～４才がシニア期の入り口です。運動機能が衰えるので、若いときには好きだった回し車を使わなくなったり、段差が昇り降りしづらくなったりします。ケージ内のバリアフリー化やお散歩を増やすなどしてカバーしてあげましょう。噛む力も衰えるので、お湯などでいつものフードをふやかして与えます。

そのほか、半年に１回は健康診断を受け、不調を早めに発見・把握できるように努めましょう。

さいごまでお世話を

シニアハリネズミは若いころに比べて手がかかり、介護が必要になる可能性もあります。どんなに正しく飼育や健康管理に努めても、ハリネズミの寿命は人より短いのですから、お別れのときは必ずやって来ます。お別れは悲しくつらいことですが、これまでもらったたくさんの幸せに感謝して、さいごは「ありがとう」と見送ってあげましょう。きっと、ハリネズミも安心して旅立てるはずです。

撮影協力

ピュア☆アニマル

ハリネズミ・フクロモモンガの専門店。
IHA（国際ハリネズミ協会）所属。

東京都大田区中央 7-16-17
☎ 03-3755-9897
http://pure-animal.com/

HARRY

ハリネズミ専門店。店内には直接ふれあえる
ハリネズミカフェも併設。

http://www.harinezumi-cafe.com/

参考文献一覧

・『ウサギ・フェレット・齧歯類の内科と外科』（Katherine E. Quesenberry, James W. Carpenter, 田向健一監訳 / インターズー /2012 年）

・『ザ・ハリネズミ』（三輪恭嗣監修 / 誠文堂新光社 /2009 年）

・『ハリネズミ』（大野瑞絵 / 誠文堂新光社 /2015 年）

・“Astrocytoma in an African hedgehog（Atelerix albiventris）suspected wobbly hedgehog syndrome”（Nakata M, Miwa Y, Itou et al./ Journal of Veterinary Medical Science, Vol.73, No10, 2011）

・“Detection of a pneumonia virus of mice（PVM）in an African hedgehog（Atelerix arbiventris）with suspected wobbly hedgehog syndrome（WHS）”（Madarame H, Ogihara K, Kimura et al./ Veterinary Microbiology, vol.173, No.1-2, 2014）

・“Hedgehogs”（Nigel Reeve/T&AD POYSER NATURAL HISTORY/1997）

・“Pet African hedgehogs”（Kimberly Goertzen/2012）

・“Wobbly Hedgehog Syndrome in African Pygmy Hedgehogs（Atelerix spp.）”（Donnasue Grasser, Terry R. Spraker, et al./Journal of Exotic Pet Medicine, Vol.15, No.1, 2006）

SPECIAL THANKS

UNI
うに

MOI
もい

HARINOJOE
ハリノジョー

監修

田向健一（たむかい・けんいち）

田園調布動物病院院長。獣医学博士。麻布大学獣医学科卒業後、神奈川や東京の動物病院勤務を経て、2003年に田園調布動物病院を開院。小さい頃からさまざまな種類の動物と暮らしている。豊富な知識と経験を生かした治療、とくにエキゾチックアニマル診療には定評がある。おもな著書に『珍獣の医学』（扶桑社）、『珍獣病院』（講談社）など多数。

Staff

撮影 …………………… 宮本亜沙奈

デザイン ………………… 熊田愛子（monostore）

本文DTP ………………… 有限会社エムアンドケイ

イラスト ………………… いわさきゆうし

校正 …………………… 株式会社鷗来堂

編集 …………………… 荻生 彩、松本ひな子（株式会社スリーシーズン）

企画・編集ディレクター …… 高橋花絵、渡辺 塁

進行 …………………… 中川 通、編笠屋俊夫、牧野貴志

製作資材協力 ……………… 小嶋 裕

はじめてのハリネズミとの暮らし方

2015年 6月25日　初版第1刷発行
2017年 7月20日　初版第3刷発行

監修者　田向健一
発行人　穂谷竹俊
発行所　株式会社日東書院本社
〒160-0022　東京都新宿区新宿2丁目15番14号　辰巳ビル
TEL:03-5360-7522（代表）
FAX:03-5360-8951（販売）
URL:http://www.TG-NET.co.jp
印刷所　株式会社三光デジプロ
製本所　株式会社セイコーバインダリー

ISBN978-4-528-01219-6 C2061